# 太湖流域防洪除涝
## 协同性问题及综合应对

王磊之　王银堂　李伶杰
胡庆芳　刘　勇　李曦亭　◎著

河海大学出版社
HOHAI UNIVERSITY PRESS
·南京·

## 内 容 提 要

在快速城镇化进程中,城市及其毗邻区下垫面剧烈变化,城市防洪除涝工程大规模建设;与此同时,流域和区域性防洪除涝工程的布局及调度运用方式也在动态调整。在这样的情况下,流域、区域和城市防洪除涝的相互作用和影响更为显著,故有效协同流域、区域和城市防洪除涝对于构建均衡的防洪除涝格局、从整体上提升防洪除涝能力具有十分重要的意义。本书以我国典型水网地区,同时也是城镇化程度最高的地区之一——太湖流域为研究对象,在分析流域城镇化进程及防洪除涝情势变化的基础上,进一步阐述太湖流域防洪除涝协同性存在的主要问题,然后从设计暴雨和洪水、防洪除涝标准、工程和调度3个角度开展了防洪除涝协同性综合应对研究。

本书可供水利领域的广大科技工作者、工程技术人员参考使用,也可作为高等院校研究生的参考书。

**图书在版编目(CIP)数据**

太湖流域防洪除涝协同性问题及综合应对 / 王磊之
等著. -- 南京 : 河海大学出版社,2024. 12. -- ISBN
978-7-5630-9498-1

Ⅰ. TV877

中国国家版本馆 CIP 数据核字第 2024S0L200 号

| 书　　名 | 太湖流域防洪除涝协同性问题及综合应对 |
|---|---|
| 书　　号 | ISBN 978-7-5630-9498-1 |
| 责任编辑 | 周　贤 |
| 特约校对 | 吕才娟 |
| 封面设计 | 张育智　刘　冶 |
| 出版发行 | 河海大学出版社 |
| 地　　址 | 南京市西康路 1 号(邮编:210098) |
| 网　　址 | http://www.hhup.com |
| 电　　话 | (025)83737852(总编室)　(025)83787157(编辑室) |
| | (025)83722833(营销部) |
| 经　　销 | 江苏省新华发行集团有限公司 |
| 排　　版 | 南京布克文化发展有限公司 |
| 印　　刷 | 广东虎彩云印刷有限公司 |
| 开　　本 | 787 毫米×1092 毫米　1/16 |
| 印　　张 | 9 |
| 字　　数 | 200 千字 |
| 版　　次 | 2024 年 12 月第 1 版 |
| 印　　次 | 2024 年 12 月第 1 次印刷 |
| 定　　价 | 82.00 元 |

# 前言
## Preface

在快速城镇化进程中,流域、区域和城市防洪除涝的相互作用与影响愈加显著,形成复杂的互馈关系,这是近年来我国洪涝灾害防治中面临的新问题、新挑战之一。故流域、区域和城市防洪除涝需要有效统筹、科学衔接,不能将城市防洪除涝与流域、区域洪涝治理相互分割。因此,系统解析流域、区域和城市防洪除涝协同性存在的问题,提出强化防洪除涝协同性的方法与措施,对于有效管控乃至解决流域、区域和城市3个层次上的防洪除涝矛盾,构建均衡、协同的防洪除涝格局,切实提升防洪除涝整体效益具有重要意义。

太湖流域是我国城镇化程度较高、大中城市密集的典型河网地区,经过长期治理,基本形成了流域、区域和城市相结合的3个层次的防洪除涝格局。近年来,太湖流域发生了多次极端性的暴雨洪涝事件,流域内大中城市,特别是江南运河沿线城市与区域及流域防洪除涝协同性问题比较突出。本书在解析太湖流域防洪治涝情势的基础上,从设计暴雨和洪水、防洪除涝标准、工程和调度3个角度开展了防洪除涝协同性综合应对研究。首先阐述了流域、区域和城市防洪除涝协同性的内涵及存在的问题,然后从设计暴雨角度研究了防洪治涝标准的协同性,最后系统分析了防洪除涝工程布局和调度方式变化对防洪除涝协同性的影响,提出了强化防洪除涝协同性、提升整体防洪除涝能力的综合应对措施和建议。

本书第1章论述研究背景与意义、国内外研究进展、研究目标与内容等。第2章主要剖析了太湖流域快速城镇化进程及防洪除涝情势的演变。第3章以太湖流域及其域内典型区域、城市为实例,明确流域、区域和城市防洪除涝及其协同性的内涵,阐明现状条件下流域、区域和城市在设计暴雨、工程布局和调度方式上存在的协同性问题,并提出强化协同性的相应策略。第4章重点开展与设计暴雨协同性相关的研究,研究任务分为两个方面,第一是改进流域现有暴雨设计方法,并采用数学模型客观评估改进前后设计暴雨空间分布的协同性;第二是采用评价模型系统评估流域暴雨和外江潮位组合的协同性。第5章针对工程布局和调度运用协同性问题,设置相应计算方案和情景,结合水文水动力模型的模拟,剖析各调度、工程措施对防洪除涝协同性的影响,提出防洪除涝协同性综合评价模型,定量评估各方案的协同性,提出强化流域、区域和城市防洪除涝协同性的综合应对措施。第6章对本书内容进行了总结和展望,同时指出了不足之处,探讨了可进一步深化研究的方向。

本书第1章由王磊之、王银堂撰写,第2章由王磊之、李伶杰撰写,第3章由李曦亭、王磊之撰写,第4章由王磊之、李伶杰撰写,第5章由胡庆芳、王银堂撰写,第6章由李伶杰、刘勇撰写。全书由王磊之负责统稿,王银堂负责技术审定。

　　本书是在"十四五"重点研发计划课题"长江下游洪涝灾害应对韧性与跨地区防洪除涝标准协同设计"(编号:2021YFC3000101)、国家自然科学基金项目"河网地区流域-城市群防洪排涝互馈机理与设计标准衔接"(编号:52109028)、江苏省自然科学基金项目"苏南地区流域-城市群防洪排涝互馈机理与衔接研究"(编号:BK20210042)联合资助下完成的。本书综合了国内外文献资料与近年来相关主题的研究成果,经反复酝酿编写而成。由于作者水平有限,编写时间仓促,书中难免存在不足之处,有些问题有待进一步深入探讨和研究;文献引用也可能存在挂一漏万的问题,希望读者批评指出,并将意见反馈给我们,以便后续更正。

作者

2024 年 9 月于南京

# 目录
## Contents

# 第 **1** 章

## 绪 论

## 1.1  研究背景与意义

城镇化(Urbanization,也称为城市化)是指随着一个国家或地区社会生产力的发展、科学技术的进步以及产业结构的调整,由以第一产业(农业)为主的乡村型社会向以第二和第三产业为主的城镇型社会逐步过渡的进程[1-2]。城镇化进程可以从不同角度加以分析。从人口角度来看,城镇化主要体现为人口地理位置的迁移;从地理空间结构来看,城镇化主要表现为城市规模的扩张和数量的增加;从经济角度来看,城镇化体现在经济结构从第一产业为主向第二、第三产业逐步过渡;从社会角度来看,城镇化的重点是社会组织结构的演变和城市生活方式的扩散传播[3]。

发达国家在20世纪70年代基本实现了较高程度的城镇化,但由于发展中国家经济社会的发展,世界城镇化进程仍然在持续推进。根据联合国发布的《世界城市化前景报告》,在2017年,全球城镇人口占总人口比例已达到54.8%,较大幅度超过农村人口,预计到2050年,这一数字将达到66.4%[4]。改革开放以来,中国城镇人口和经济规模也显著增加,城市空间范围不断扩张。全国人口城镇化率已由1979年的19.7%增加到2023年的66.16%,相应城市建成区面积由1981年的7 438 km$^2$增加到2023年的62 038 km$^2$[5-6]。

快速城镇化伴随着大规模、集中性的人类活动和复杂的人文—自然交互作用,故在推动经济社会现代化的同时也对近地层物质和能量运动产生了多种影响。其中,城镇化的气象、水文效应[7]引发了广泛的国际关注。城镇化进程中,地形地貌及植被覆盖等均发生急剧变化,大量碳热排放及人类活动对地表类型、大气环境、水体环境均产生显著影响,进而深刻改变地区降水、风场、温度、蒸散及径流等气象水文要素的状态[8-9]。而以气象、水文过程为纽带,城镇化对洪涝灾害产生了全方位影响[9-10]。大量观测研究已经证实,城市热岛、雨岛效应等机制会增加城市建成区及其下风带遭遇强降水的可能性[11-12],而城市地形地貌条件、排水方式的变化,则会强化洪涝灾害的集中性和冲击性。同时,城镇化进程中人口和财富聚集性的不断提高,也可能增加洪涝灾害的暴露性、脆弱性。这些因素导致城市及其毗邻区洪涝灾害多发,且一旦发生洪涝灾害,人员和财产损失往往比较惨重。

城镇化背景下的防洪除涝事关公众切身利益和城市可持续发展,因此引起了社会各界的广泛关注。我国政府不断更新洪涝治理理念和思路,致力于从防洪除涝规划、工程建设、调度管理等方面综合提升洪涝治理能力,近些年又重点推进了"海绵城市"建设[13]。学术界则针对城镇化洪涝灾害效应检测[14-16]、洪涝预警预报技术、低影响开发模式[17]等领域开展了大量探索。然而我国以往防洪除涝重点关注的是流域、区域骨干性防洪除涝工程规划建设和大江大河治理,近些年城市洪涝治理又聚焦于单个城市或具体的城市片区,关于如何科学有效地协同城市、区域和流域3个层次防洪除涝关系的研究较为少见。从国内外城镇化特征和洪涝灾害的形成与演化的客观规律来看,这一情况并不适应现实需求。城镇化发展不仅表现为单个城市规模的迅速扩大,而且呈现出城市组团发展的格局,目前世界上已形成以纽约、洛杉矶、东京、上海、北京等为中心的众多大型城市群或都市圈[18],城市群内部联系日益密切,对区域、流域发展也具有很强的带动效应。在这样的情况下,城镇化发展不仅影响单个城市自身的洪涝情势,也可能导致城市所在区域或流域洪涝格局的重大调整(又会对城市自身防洪除涝产生反作用)。我国许多地区城镇化对防洪除涝的影响已经明显超出流域或区域防洪规划阶段的预想。而在城镇化进程中,流域和区域性防洪除涝工程的布局及调度方式也不是静止的而是在动态调整中,这导致城市洪涝治理的外部环境也在相应变化。如果城市对此考虑不足,会影响其自身的防洪除涝安全。因此,在快速城镇化进程中,如果流域、区域和城市防洪除涝工程的规划、设计和运用不能合理地衔接和统筹,城市内涝与外洪交织可能会加剧[19]。事实上,2016年江苏常州和2013年浙江余姚的洪涝灾害事件均是城市内涝与区域或流域洪水共同造就的典型案例。

总之,在快速城镇化进程中流域、区域和城市防洪除涝的相互作用与影响愈加显著,形成复杂的互馈关系,这是近年来我国洪涝灾害防治中面临的新问题、新挑战之一。故流域、区域和城市防洪除涝需要有效统筹、科学衔接,不能将城市防洪除涝与流域、区域洪涝治理相互分割。因此,系统解析流域、区域和城市防洪除涝协同性存在的问题,提出强化防洪除涝协同性的方法与措施,对于有效管控乃至解决流域、区域和城市3个层次上的防洪除涝矛盾,构建均衡、可持续的防洪除涝格局,切实提升防洪除涝整体效益具有重要意义。

## 1.2 国内外研究进展

前人针对城市洪涝灾害综合成因诊断、城市洪涝灾害调控适应等方面开展了大量研究。本节先从降水特性变化、下垫面变化、产汇流特性变化和承灾能力变化这4个角度,梳理城镇化背景下洪涝灾害综合成因研究进展,然后从下垫面管控、防洪除涝工程规划、防洪除涝工程调度、洪涝定量模拟和预报、洪涝风险管理这5个方面评述洪涝灾害调控与适应研究的发展动态。

### 1.2.1 城镇化背景下洪涝灾害综合成因

已有文献多从如下3个方面解析快速城镇化背景下的洪涝灾害成因(图1.1):(1)致灾因子[20-21]增强。所谓致灾因子增强,主要是指由于区域气候变化和城镇化的共同影响,导致降水条件发生显著变化,降水事件特别是强降雨事件增多,增大了洪涝灾害发生的可能性。(2)孕灾环境[22-23]变化。在快速城镇化进程中,地表不透水面积比例增加、水域空间遭到侵占、河湖连通性降低,导致产汇流关系变化,地表产水量和汇流速度增加,径流峰值升高、峰现时间提前。(3)承灾能力[24-25]降低。在城镇化进程中人口和社会财富高度集聚,基础设施和财富构成也发生变化,在洪涝面前的暴露性和脆弱性增加。

#### 1.2.1.1 降水特性变化

对于多数地区而言,强降水是最重要的源头性洪涝致灾因子。伴随城镇化进程的推进,城市热岛效应、下垫面变化和气溶胶排放等因素相互交织,并与区域地理、气候背

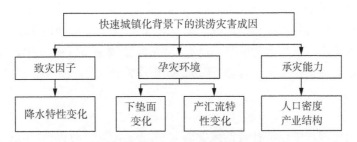

**图 1.1 城镇化背景下城市洪涝灾害综合成因分析**

景因素叠加,改变了降水时空特性,其中对强降水的影响尤为显著,从而强化了洪涝致灾性。

综观已有文献,可按照研究途径将城镇化对降水影响的研究归纳为资料解析与数值模拟两大类[26]。传统的降水统计特征解析主要利用站点观测数据开展,通过比较城市及其毗邻郊区降水统计特征差异,排除区域地理、气候等背景因素的干扰,诊断城镇化对降水的影响。如相关研究表明,墨西哥城城区范围扩张使 5—10 月的降水量比郊区高出 12%~13%,同时增加了雨强超过 20 mm/h 的降水事件频率[27];北京地区城镇化发展影响了极端降水事件的空间分布特征,导致极端降水发生频次和极端降水强度均表现出增大效应[28];上海城市降水效应主要存在于 6—9 月的梅雨和台风雨期间,而秋末到春季不明显[29];广州市城区大雨、暴雨和大暴雨日数也呈现增加趋势[30]。随着遥测设备性能提升与反演算法的不断改进,获取大范围、高时空分辨率、高质量的遥感反演资料成为现实,有效弥补了站点观测资料空间离散、覆盖范围有限的缺陷,从而推动了单个城市与城市群降水特性变化研究。如 Shepherd 等[31]基于 TRMM 3B42 降水资料发现美国亚特兰大等地城区和下风区月降水量较上风区分别增加 5.6%、28%,并发现城市下风区小雨发生概率最低,而大雨发生概率大增。江志红等[32]综合 CMORPH 降水数据和 NCEP 风场资料发现长三角城市化使主要城市中心和下风区夏半年降水强度较上风区增加 5%~15%。黎伟标等[33]应用 TRMM 降水以及 QuikSCAT 风场资料辨识出降水增多的区域主要位于城市群及其下风方向的邻近地区,城市集聚区降水时次减少、降水强度增加。

数值模拟是研究城市化对城市及其毗邻区降水影响的另一种重要方法,主要通过耦合中尺度数值模式与城市冠层模式(Urban Canopy Model,UCM)模拟分析降水时空特性变化,并对比多情景模拟结果,评估城市热岛效应、下垫面条件、气溶胶排放等因素对降水的影响。如傅新姝[34]应用 WRF/Noah/UCM 模式分析了长三角地区城镇化对夏季降水日变化特征的影响,发现傍晚时段城区特大暴雨量较郊区可增加 15%左右;侯爱中[35]耦合 WRF 和单层城市冠层模型(Single Layer UCM,SLUCM)模拟了 3 场强降雨过程,发现在北京城市大规模扩张的过程中,夏季降雨中心向城区移动,城区降雨增多,而其他区域减少。关于影响降水变化的物理机制,如热岛效应、下垫面变化、气溶胶排放等主要影响因素及其影响程度与各因素的强度、变率密切相关,且因城市及城市群所在的区域地理、气候背景而异[26]。如 Zhong 等[36]研究了长三角下垫面变化和气溶胶排放的降水效应,结果发现,两者对降水的影响不仅与各自强度有关,而且也受到大气环流形势的影响。

综合资料解析与数值模拟的研究结果总体上倾向于支持城镇化增雨效应,对城区及下风区的雨季降水影响尤为明显,并使强降水发生频率与强度均有增加,从而导致降水在时程分布上的集中度更高,这对于城市防洪除涝极为不利。

### 1.2.1.2　下垫面变化

快速城镇化进程中经济社会迅猛发展与高强度人类活动扰动,引起了下垫面条件的剧烈变化,对洪涝演进特征产生复杂影响。在下垫面变化中,土地利用/覆被结构时空演变及水系结构调整对于洪涝运动的影响最为直接。

土地利用/覆被结构时空演变方面,2000 年后我国城市用地扩张速度较过去 10 年增加了 2 倍多,京津冀、长三角、珠三角三大城市群增长速度相对较快[37],同时这三大城市群呈现出城市连绵化发展态势;建设用地在城乡梯度带、城市交通廊道及海岸带急剧增加,耕地面积大幅度减小[38]。据统计,21 世纪最初 10 年全国耕地被城镇化建设挤占的面积较 20 世纪最后 10 年增加了近 1.5 倍[39]。进一步以长三角区域为例,1996—2016 年耕地面积减少 18.3%,而建设用地增幅达到了 74.4%[40],呈现出围绕大城市径向扩张和沿主要交通干线线状延伸的空间演进特征[41]。伴随城镇化进程中土地利用结构的变化,我国城市地表不透水面积也迅速增加,2000 年以来的增加幅度超过了1 300 km²/a,空间演变特征与建设用地类似,在三大城市群中,长三角城市群的增速最快[37]。在城镇建设用地不断扩张、不透水面积增加的背景下,地表产水量显著增加,汇流速度也因人工地表的糙率降低明显加快。这些影响最终导致降雨发生后洪涝的响应速度加快,集中性、冲击力增强。

快速城镇化进程中,除土地利用类型结构明显变化外,人为侵占或渠化改造等活动导致城市河湖萎缩、河网密度降低、水系结构趋于简单化。以武汉市为例,受"围湖建厂""围湖造城"等不合理人类活动的影响,1973—2015 年武汉市辖区内湖泊面积减少了 26.7%,而中心城区缩减幅度更大,达到了 32.9%[42];大量分析表明,武汉市内涝频发与湖泊面积萎缩引起的雨洪调蓄能力下降有密切关系[43-44]。位于长三角核心区的太湖流域属于典型平原河网地区,在城镇化进程中,各水利分区的河网密度与水面率均呈现显著减小的趋势,其中武澄锡虞区变化最为明显,过去 50 年缩减幅度达到了44.0%和 26.9%[45];水系结构的微观变化方面还呈现出非主干河道衰减速度大于主干河道的特征,河网结构趋于主干化、简单化[46-47];通过对比城镇化进程中不同等级河道的调蓄能力,发现低级别河道调蓄能力下降幅度较主干河道更加突出[45,48]。总之,河湖水系结构变化显著影响了水体的行洪与调蓄能力,不利于流域防洪除涝,也在一定程度上增加了洪灾致灾的风险。

### 1.2.1.3　产汇流特性变化

伴随城镇化进程的推进,城区及其毗邻区水文气象条件的变化及高强度的人类活动共同作用引起了地表产汇流特性变化,这已经是城市水文学研究领域的一致性共识。路面、露天停车场及屋顶等不透水表面大量增加,降低了下垫面的透水能力,阻滞了雨水落地后的垂向运动,降水入渗损失量明显减小,产水量与径流系数均显著增大(图1.2(a))[49-52],具体增大效应又与降水丰枯条件密切相关。许有鹏等研究发现少雨条件下垫面变化的影响更为突出[53-54]。此外,南京水利科学研究院在分析太湖流域城镇化进程产水量变化时空非均匀性方面,发现下垫面变化与产水量变化空间结构也有较好的对应关系,流域中东部城镇化发展速度较快区域的产水量增幅明显较大,且产水量增幅在时程上主要集中在汛期[55]。

不透水面积在大幅度替代天然地表的条件下,不仅弱化了雨水垂向运动,而且受人工地表糙率降低的影响,显著强化了径流的水平运动,导致峰现时间提前、洪水过程趋于尖瘦化(图1.2(b))。大量的实验观测与模拟研究已经证实了这一现象[50,56-58]。近年来还有文献进一步指出,不透水面的空间连通性会改变局部区域的汇流路径,从而对汇流速度、径流峰值、峰现时间产生直接影响[59-61]。除下垫面变化产生的影响外,河湖水系的萎缩、排水管网建设和主干河道闸坝工程调控等因素对汇流过程也有明显影响,具体的影响机理仍有待进一步深入探讨[50]。

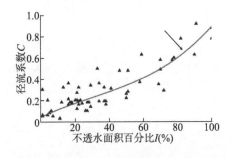
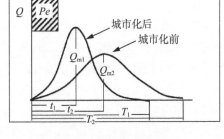

(a)径流系数—不透水面积百分比[58]　　　　(b)城市化前后径流曲线[62]

**图1.2　城镇化对径流系数和径流特性的影响**

虽然产汇流特性变化是多重城镇化因素协同影响的结果,目前仍存在一些不明确的响应关系,但是不透水面变化引起的产水量增加及其非均匀的时空分布特征、汇流速度加快、峰现时间提前等,已然显著增加了对城市或区域的防洪除涝压力,逐渐成为威胁城市社会经济安全运转的因素之一。

### 1.2.1.4　承灾能力变化

快速城镇化对洪涝承灾对象及其承灾能力也具有深远影响。显然,城市规模越大、经济越发达,对周边的辐射能力越强,而人口和财富越密集,对于洪涝灾害的暴露性也越高。王露等[63]研究了2000—2010年中国人口密度变化及其影响因素,发现人口密度增加地区集中在长三角、珠三角、京津冀都市圈等地区。刘乃全等[64]通过绘制2005—2015年长三角城市群人口密度空间分布图,发现长三角人口呈现上海、杭州、苏州等多中心聚集态势。与人口密度增加同步,财富密度也呈大幅增加态势,由于经济产业向城镇的转移,因此在较小空间范围内往往集聚了大量财富。同时,由于现代城市功能越来越复杂,城市内部及与外界联系越来越密切,人员、物流、信息流强度大幅度增加[65]。如上海市2017年旅客发送量较1990年增加了5倍以上,货物运输量增加了

4 倍以上[66]。

因此,快速城镇化背景下城市人口与财富高度聚集、经济社会发展与外界关联日趋密切,一旦遭遇严重洪涝灾害,交通、通信可能受阻中断,则受波及对象更多、影响范围更广,会影响城市自身及外部连锁区域的生产生活秩序,城市及区域面对洪涝灾害的易损性与脆弱性显著增加。王绍玉等[67]建立 KL-TOPSIS 模型评价了沈阳、武汉 2005—2009 年洪水灾害易损性,发现随着城镇化进程的推进,城市遇灾的易损性呈增加趋势。

此外,滨水地带城市开发等不合理的建设活动、地面沉降、防洪除涝工程设计能力不足与不合理的调度应用等因素,均会导致人群与财富更直接暴露在洪涝威胁之中[68]。

### 1.2.2　城镇化背景下洪涝灾害调控和适应

本小节重点从下垫面管控、防洪除涝工程规划、防洪除涝工程调度、洪涝定量模拟和预报、洪涝风险管理这 5 个方面对城镇化背景下的洪涝灾害调控与措施加以评述。

#### 1.2.2.1　下垫面管控

在快速城镇化背景下,随着建成区面积大量增加,下垫面剧烈调整,硬化地面比例不断增大,洪涝压力也随之增大。因此,合理规划和管控下垫面,保护自然的透水性地表和河湖水域空间,实现透水性地表的等效代替和动态平衡对于减轻洪涝压力十分重要,是治理洪涝灾害的源头性措施。美国费城在 2011 年通过了全市性法案,计划实现30% 的森林覆盖率[69];德国柏林在城市建设中推广使用可渗透地砖,以保障透水性地表比例不至于过度降低[70];丹麦哥本哈根于 2012 年颁布了雨洪管理计划,采用人工湖、绿地吸收渗水[71]。美国城市雨洪管理强调广泛采用湿地和蓄滞洪区等维护良性的水文循环[72]。

需要指出的是,下垫面管控对洪涝灾害的影响具有一定复杂性,需结合具体情况加以分析,不能简单得出一个普遍的结论[73]。如 Moel 等[74]指出,土地变化带来的下游防洪风险具有很大的不确定性;Schilling 等[75]研究了 Raccoon 河流域的洪涝风险和土地利用的关系,发现土地利用的适当管理可降低洪涝风险发生的可能性,使洪涝事件(包括严重洪涝事件)的发生频率有所降低,但对洪涝历时没有太大影响。国内也有学者针对下垫面、洪涝关系开展了研究。丁杰等[76]针对伊河东湾流域,采用 HEC 模型分析了下垫面变化对洪水的影响,结果表明,下垫面的变化主要是对小洪水影响比较明显,但对较大洪水事件的影响很小。此外,除下垫面的类型外,近年来的研究表明,城镇化地区微地形的变化对洪涝也具有明显影响,并可能加剧洪涝灾害损失。如在北京“7·21”特大暴雨事件中,发生洪涝的地点大多数位于立交桥地区,这些地形往往有利于雨水的集聚和洪涝的形成[19]。因此,不少地区城市雨水排涝规划或海绵城市建设规划中开始重视对城市竖向的控制。

#### 1.2.2.2　防洪除涝工程规划

快速城镇化进程中强降水事件多发,下垫面剧烈变化,地表产流量增加、汇流速度加快,这对流域、区域和城市防洪除涝工程规划设计提出了更高的要求。

传统的防洪除涝工程规划设计,其核心是提升河道、堤防、泵站和管渠的设计标准[77],如日本东京和法国巴黎作为世界级大都市,拥有着全球发达的防洪除涝设施[78],但另一方面,这种模式的局限性越来越为人们所诟病。一是传统的防洪除涝工程多数属于洪涝末端治理措施[79],不能从根源上解决快速城镇化进程中洪涝压力增大的问题;二是防洪除涝工程标准的提高也受到技术、经济等多种因素的限制。因此,目前防洪除涝工程规划设计由末端性治理向全过程治理转变的趋势十分明显,雨洪全过程管理模式逐步盛行[80-83],其核心思想是集成渗、蓄、滞、净、用、排等各种设施,综合调控雨洪。如英国的可持续排水系统就着重从预防、源头到场地,再到区域,分级削减和控制雨洪[84]。我国在借鉴国外先进雨洪管理经验模式的基础上,提出了"海绵城市"模式[85],其最初的主要范畴是城市低影响开发,但后来有所扩展,将低影响开发措施和雨水管渠、河湖水系相结合,以构建更加健全的城市排水系统,强化城市应对洪涝灾害的"弹性"[86-87]。海绵城市建设在国内学术界引起了十分强烈的反响,关于海绵城市的内涵、控制指标及构建方式,仍在广泛的探索之中[13,88-89]。还有学者认为应将海绵城市理念由"点"拓展至"面",提出了"海绵流域"的构想[79],尽管这一理念在具体概念和范畴上尚有待商榷,但其反映的将城市与流域相结合治理洪涝灾害的思想具有较强的启发性。

### 1.2.2.3 防洪除涝工程调度

防洪除涝工程的科学调度是充分发挥工程体系效益的基础,是有效协同不同空间尺度和不同保(防)护对象洪涝治理矛盾的客观需求。随着防洪除涝工程数量的增加以及调度目标的增多,防洪除涝工程的调度越来越复杂。以往的研究主要集中在流域或区域性防洪除涝工程的调度方面。如国内关于水库防洪调度的文献和相关成果就十分丰富[90-93]。目前,防洪除涝工程调度的总体发展趋势是由单项工程向多项工程乃至流域防洪除涝工程体系的联合调度方向发展。近年来,随着城市洪涝灾害的频发多发,国内外开展了一系列针对城市防洪除涝工程调度的研究。如 Yazdi 等[94]提出了一种联合调度算法用以确定城市中各排涝泵站的最优位置;Macro 等[95]则提出了一套综合的优化算法用以确定城市中的绿色基础设施的最优放置位置,以使得绿色基础设施的建设成本和城市地表溢流量的最优组合目标函数值达到最小;刘静森等[96]提出了排涝总能耗最小的单目标优选方法并应用至上海市的泵站排涝能耗计算,结果表明,优化计算结果比现行调度方案的能耗至少节省 6%;张若虎等[97]分析了气象因素和水文地质因素以及人为污染因素对引嫩扩建骨干工程渠道联合调度的影响,并指出干旱和水质变化是影响该工程联合调度的主要因素。

### 1.2.2.4 洪涝定量模拟和预报

洪涝定量模拟与预报是深刻认识洪涝形成与运动规律,针对性降低洪涝风险,强化洪涝灾害管理的基本前提,故国际上洪涝模拟与预报模型的研究一直比较活跃。城镇化背景下洪涝模拟预报模型,根据其应用目的和范围,可以大致分为城市雨洪模型和考虑城镇化因素影响的流域水文水动力模型两类。

城市雨洪模型一般适用于城市或排水片区降水径流过程模拟。欧美发达国家开发了 SWMM、Infoworks CS 等一系列知名的城市雨洪模型[98-101]，这些模型能够定量描述城市雨洪在地表、排水管网及河网等载体中的复杂演化过程，已在国内外城市排水系统规划设计、管网排水能力分析、雨洪管理措施效果评估等方面得到了不少应用[101-103]。20 世纪 90 年代以来，我国学者逐步开展了城市雨洪数值模拟方法研究与模型开发。岑国平[104]首次提出了国内城市雨水径流模型，该模型在开展城市透水、不透水地表产流的基础上，采用变动面积-时间曲线法计算坡面汇流。徐向阳[105]构建了一个平原城市雨洪模型，可进行坡面、管网和河网汇流的水动力学演算。最近几年，国内在城市雨洪模型研发上又有加强[106-107]。周浩澜等[108]通过数值试验对比了城市洪水模拟中各种城市建筑物处理方法的效果；潘安君等[109]建立了一个立体型城市洪涝模型；喻海军[110]系统研究了地表和管网水流的水力学数值模拟方法，建立了一个一二维耦合的城市洪涝模型；陈洋波等[111]面向城市内涝预报，根据城市地表类型和建筑物空间分布，开发了一个分布式雨洪模型。当然，目前城市雨洪模型无论在计算方法还是建模过程上均面临不少挑战。对于前者，其难点包括地表汇流的二维水动力学计算方法仍然受到限制，管网水流计算中多种流态共存、相互交替的现象尚没有成熟的处理方法；而在具体的建模过程中，由于需要精细的地物、高程和管网等信息以及分布式的城市水文观测资料，故纯粹的水动力学模拟方法受到资料困扰的情况较为突出。

流域水文水动力模型适用于较大尺度的洪涝演进模拟。一些学者采用流域水文模型评估了城镇化导致的土地利用和植被覆盖对洪水的影响[112-113]。然而，在快速城镇化背景下，不仅流域下垫面剧烈变化，水库和闸坝调度、排水等人类活动对洪涝过程的干扰也越来越强烈，故一些学者除考虑地表土地利用和植被覆盖类型外，还尝试在水文模型中嵌入基于水力学方法的工程调度模块，以便更精确地模拟河网洪水演进过程[114-115]。河海大学开发的太湖流域模型[116-117]就是其中的一个典型代表，该模型重点考虑了城镇不透水地表的产流和圩区、闸控工程调节，采用一二维耦合的水动力学方法模拟河湖洪涝演进过程，既不同于传统的流域水文模型，也不同于城市雨洪模型。

当然，城市雨洪模型和流域水文水动力模型尽管在使用范围和构建方式上有明显差异，但也不是截然对立的。事实上，SWMM 等诸多城市雨洪模型中的地表产汇流计算方法就来自流域水文模型[118]；而城市不透水地表产流的处理方法也应用于后者。在快速城镇化背景下，流域洪涝模拟和城市雨洪模拟方法与建模技巧的相互借鉴和融合正在加强。

### 1.2.2.5 洪涝风险管理

洪涝风险是指洪涝事件对社会经济和人类生存环境可能造成的负面后果或损失，通常采用承灾对象的洪水期望损失衡量[119]。洪涝风险管理措施主要包括 3 类，即减少致灾洪涝发生的可能性、降低承灾对象的暴露性和强化承灾对象的抗灾能力（或减少脆弱性）[120]。第一类措施侧重于基于工程设施对洪涝过程进行调控，第二类措施重在通过土地利用管理和基础设施的建设管理降低承灾对象面对灾害时的暴露程度，第三类措施通过推行建筑物建设规范和洪涝灾害应急管理措施提升经济社会对洪涝灾害的承受和适应能力。在洪涝风险管理的众多措施中,洪水风险图作为一种直观表现洪涝风险和风险管理相关信息的有效方式,在世界各国得到了广泛应用[121-125]。目前,洪涝风险管理已经由暴露性管理阶段逐步向脆弱性管理阶段过渡,其核心是洪涝灾害损失的定量评估,主要依靠灾害损失曲线法[126-128]。西方发达国家已经建立了较为完备的洪涝灾害损失曲线库,在洪涝灾害风险评估领域有广泛应用,但当前洪灾损失曲线大多只考虑了洪涝淹没深度对损失的影响,其实际效果还存在不少争议[129]。随着空间观测技术和计算机技术的发展,人们开始采用数据挖掘、深度学习等手段将洪涝淹没时间、水流速度、建筑物类别、建筑物质量等因素考虑在内,综合形成多变量的灾害损失曲线,改善了洪涝风险评估的精细性和实用性[130-131]。

## 1.3　存在的主要问题

综观相关文献,国内外在城镇化背景下洪涝灾害研究方面取得了大量成果,但是这些研究更多的是单独针对城市或流域(区域)开展,很少有文献开展不同空间层次上的防洪除涝协同性的研究。然而,中外城镇化进程均表现出城市组团发展、区域连片发展的鲜明特点,城市群的发展不仅将强化城镇化对自身洪涝情势的影响,而且会导致城镇化洪涝灾害更具有区域乃至流域尺度的效应,而区域和流域防洪除涝格局的变化对城市防洪除涝也会产生一定程度甚至比较强烈的反馈。因此,在快速城镇化背景下,流域、区域和城市防洪除涝的相互作用与影响在强化,三者之间的矛盾可能加剧,可能导致出现更多洪涝交织的情况,故仅从单个城市或区域出发则会忽略不同层面之间防洪除涝的协同性,不足以根治洪涝灾害。一言以蔽之,应对快速城镇化背景下的防洪除涝,需要将流域、区域和城市作为整体加以统筹和协同。显然,这是近年来我国洪涝灾害防治中面临的新问题、新挑战。对于这一新问题,可从以下几个方面开展探索。

(1)设计暴雨和设计洪水协同性研究

随着经济社会的快速发展和防洪除涝安全保障要求的提高,一些区域和城市纷纷提高防洪除涝标准。然而,防洪除涝标准的提高不是任意的,主要有两方面原因:一是防洪除涝标准的提高受到众多经济技术因素的制约;二是流域内各个分区和城市防洪除涝标准的制定需要考虑对相邻区域或其他城市的影响,相互之间应尽可能协同,且需要考虑流域骨干河道工程的承受能力。而设计暴雨和设计洪水分析计算是制定防洪除涝标准的基础和前提,对于防洪除涝标准制定和工程规划建设具有极其重要的指导作用。因此,从新的视角,开展流域设计暴雨和设计洪水协同性的研究并提出改进的计算方法,是一项重要而迫切的基础性工作。

(2)流域、区域和城市防洪除涝工程布局的协同性

由于经济社会发展不平衡,特别是城区人口和财富高度集中,城市和重点区域防洪除涝工程建设进程往往更快,而流域性工程建设往往滞后,流域洪水出路的安排不适应城市和区域快速发展的需要,造成流域、区域和城市防洪除涝矛盾比较突出,而且反过来也影响了城市实际防洪除涝的能力。但目前,系统分析和评价防洪除涝工程布局对

防洪除涝协同性的影响,提出强化防洪除涝协同性的工程和调度措施的研究还比较少见。

（3）流域、区域和城市防洪除涝调度方式的协同性

科学的管理调度是充分发挥防洪除涝工程调控能力、有效协同不同地区和不同保（防）护对象洪涝治理矛盾的基础。合理的调度措施可以在一定程度上弥补工程调控能力的不足,反之,不合理的调度措施,则会限制工程调控能力甚至加剧流域、区域和城市防洪除涝的矛盾。随着防洪除涝工程规模不断扩大、数量不断增加、调度运用目标日益多元化,其调度管理方式也越来越复杂。因此,在快速城镇化背景下,需要深入分析和认识调度方式对流域、区域和城市防洪除涝协同性的影响,为改进和优化防洪除涝工程体系运用提供科学依据。

## 1.4  研究目标与内容

### 1.4.1  研究目标

基于对国内外相关研究现状与存在问题的分析和评述,本书以太湖流域为研究区域,开展快速城镇化背景下防洪除涝协同性研究。以太湖流域作为研究区域的理由主要有 3 个方面:一是太湖流域是我国城镇化程度较高、大中城市密集的典型河网地区,经过长期治理,基本形成了流域、区域和城市相结合的 3 个层次的防洪除涝格局;二是近年来太湖流域发生了多次极端性的暴雨洪涝事件,流域内大中城市,特别是江南运河沿线城市与区域及流域防洪除涝协同性问题比较突出;三是太湖流域社会经济数据、水文气象资料和工程调度资料比较丰富。总的来说,太湖流域是开展城镇化背景下防洪除涝协同性研究的一个较理想的"样本",对于我国其他地区不同层面防洪除涝协同性研究具有很强的借鉴作用。

快速城镇化背景下太湖流域防洪除涝协同性问题包括一系列具体问题,具有很高的难度和挑战性。显然,本书无法对所有相关问题开展研究,本书主要研究目标有以下 3 个方面。

（1）剖析城镇化背景下太湖流域防洪除涝情势演变特点,阐明流域、区域和城市防洪除涝协同性存在的问题和事实,提出强化防洪除涝协同性的策略。

（2）从设计暴雨角度研究太湖流域防洪除涝标准的协同性,定量评价流域设计暴雨空间分布的协同性和流域暴雨与沿江沿海潮位匹配的协同性,提出改进流域设计暴雨的计算方法。

（3）构建水文水动力模型和协同性综合评价模型,通过定量解析不同防洪除涝工程布局和调度方式情景下流域、区域和城市防洪除涝协同性的变化,提出有效强化防洪除涝协同性的工程布局和调度措施建议。

### 1.4.2  研究内容

结合研究目标,本书的基本思路是从设计暴雨、工程布局和调度方式的角度开展快

速城镇化背景下的防洪除涝协同性研究。首先,剖析太湖流域快速城镇化进程及防洪除涝情势的演变。其次,明确流域、区域和城市在暴雨设计、防洪工程布局和调度运用方式上存在的协同性问题,提出相应强化协同性的策略;在以上工作的基础之上,定量评估暴雨空间分布的协同性,评价暴雨与外江潮位组合的协同性,为改进防洪规划中设计暴雨存在的协同性问题提供参考。最后,基于流域水文水动力模型的模拟及协同性模型的定量评价,提出强化流域、区域和城市防洪除涝协同性的综合应对措施。

除第1章绪论之外,本书其他各章主要内容概述如下。

第2章主要剖析了太湖流域快速城镇化进程及防洪除涝情势的演变。从社会经济资料统计、下垫面资料解译、水利基础设施建设等方面,系统剖析、阐明太湖流域城镇化的时空演进特征;结合与近期洪涝事件的对比和对流域降水水位要素的分析,探讨流域防洪除涝情势的变化。

第3章以太湖流域及其域内典型区域、城市为实例,明确流域、区域和城市防洪除涝及其协同性的内涵,阐明现状条件下流域、区域和城市在设计暴雨、工程布局和调度方式上存在的协同性问题,并提出强化协同性的相应策略。

第4章重点开展与设计暴雨协同性相关的研究,研究任务分为两个方面。第一是改进流域现有暴雨设计方法,并采用数学模型客观评估改进前后设计暴雨空间分布的协同性;第二是采用评价模型系统评估流域暴雨和外江潮位组合的协同性。对这两个方面的研究旨在改进防洪规划设计暴雨的协同性问题。

第5章针对工程布局和调度运用协同性问题,设置相应计算方案和情景,结合水文水动力模型的模拟,剖析各调度、工程措施对防洪除涝协同性的影响,提出防洪除涝协同性综合评价模型,定量评估各方案的协同性,最终提出强化流域、区域和城市防洪除涝协同性的综合应对措施。

第6章进行了总结和展望,总结了本书的主要成果、创新点,同时指出了研究的不足之处,展望了可进一步深化研究的方向。

# 第**2**章

## 太湖流域快速城镇化进程及防洪除涝情势演变

## 2.1 概述

反映某一地区城镇化进程的因素除人口、地区生产总值等社会经济指标外，还包括土地利用格局、城市空间范围等因素。对于太湖流域而言，包括流域、区域性骨干河道和城市防洪包围圈在内的大规模防洪除涝工程建设，也是其城镇化进程中至关重要的人类活动方式之一。与太湖流域快速城镇化进程相伴的是气象水文要素的动态变化。这几个方面的因素是太湖流域洪涝情势演变的重要驱动力，也是研究防洪除涝协同性的基本背景信息。

鉴于此，本章首先综合社会经济统计指标和遥感解译信息，解析太湖流域城镇化的时空演进格局；然后基于长系列降水、水位资料，揭示城镇化背景下流域气象水文要素的变化特征；进一步梳理了流域、区域和城市3个层次上防洪除涝工程变化情况；最后，通过分析历年典型洪涝事件，特别是对比2016年和1991年两次大洪水事件，总结流域防洪除涝情势变化。

## 2.2 城镇化进程

太湖流域位于长江三角洲南翼，地跨江苏、浙江和上海两省一市，并包含安徽省少许，流域总面积36 895 km²。太湖流域滨江临海，地势西高东低（图2.1(a)），目前流域内已形成多层次的城镇体系（图2.1(b)）。本书首先基于社会经济统计指标分析流域城镇化的阶段性特点，再依据土地利用和城市建成区数据剖析流域城镇化的空间演进特征。

(a) 太湖流域地形　　　　　　　　　　(b) 太湖流域城市及乡村分布

**图2.1　太湖流域地形(a)和城市及乡村分布(b)**

### 2.2.1 社会经济发展

#### 2.2.1.1 全流域

图2.2(a)～(c)给出了太湖流域1978—2015年常住人口密度、人均GDP和城市建

成区面积变化过程。从图中可知,2000 年可视为 1978—2015 年太湖流域城镇化进程的主要转折点,2000 年后 3 个指标的增长速度均显著快于 2000 年之前。具体来说,流域人口密度基本呈现线性增长,2000 年之前增速较慢(2000 年以红点标注),平均每年增加 10 人/km²;2000—2010 年人口增长加速,平均每年增量为 26 人/km²;2010 年之后增速有所减缓(与政策有关)。人均 GDP 自改革开放以来一直增加迅速,2000 年之前相对缓慢,平均每年增加 905 元;2000 年后平均每年增加 5 714 元。城市建成区面积也呈不断增长趋势,但 2000 年之前建成区面积年平均增长较慢,仅为 36.9 km²;2000 年后年均增长达 117.5 km²,远大于 2000 年之前。因此,可认为太湖流域在 2000 年后进入了快速城镇化阶段。

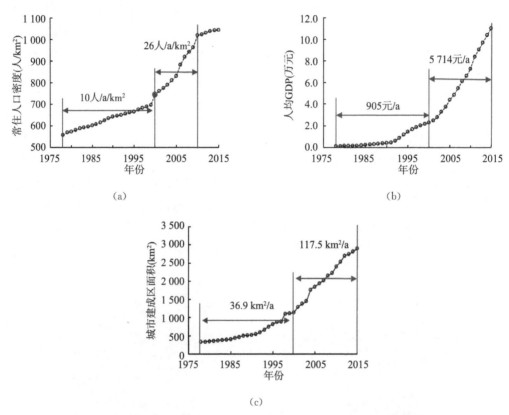

图 2.2　1978—2015 年太湖流域常住人口密度(a)、人均 GDP(b)及城市建成区面积变化(c)

### 2.2.1.2　重点城市

　　太湖流域内分布着 1 个超大城市(上海)、1 个特大城市(苏州)、2 个大城市(无锡、常州)和 2 个中等城市(嘉兴、湖州)。上海作为中国最大的国际经济中心,其改革开放以来的城镇化进程也具有强烈的代表性,本小节以上海为主要研究对象,剖析了其社会经济发展的时程变化特征,并简要分析了其他城市的城镇化进程。

　　作为流域内唯一超大城市,上海在太湖流域社会经济发展中具有不可替代的地位和作用。图 2.3(a)～(h)给出了上海市各项城镇化相关社会经济指标在 1978—

2015年的变化过程(包括常住人口密度、城镇人口比重、GDP、人均GDP、电力消费量、道路长度、耕地面积、民用汽车拥有量,暗红色点位为2000年的指标值)。这些指标可综合反映改革开放以来特别是2000年以来上海市城镇化的时程演进特征。

由图2.3(a)(b)可知,人口方面,上海常住人口及密度不断增加,受产业结构调整影响,城镇人口比例由58.7%(1978年)提升到89.6%(2015年);由图2.3(c)(d)可知,经济方面,GDP、人均GDP均呈现扩张性增加,2015年GDP、人均GDP分别为1978年的91倍、41倍;由图2.3(e)(f)可知,道路总长度由905 km(1978年)增至18 187 km(2015年),耕地面积减少至原先的50%;由图2.3(g)(h)可知,电力消费量、民用车数量也迅速增长,在2015年分别为1 405亿kW·h、282万辆。改革开放以来,上海市社会经济规模越来越大,人类活动的强度和造成的环境效应也显著增加。

改革开放以来,上海市城镇化进程呈现出显著阶段差异。2000年(以暗红点标注)为1978—2015年城镇化进程中的转折点,2000年后上海城镇化进程较2000年前全面加快,社会经济发展指标变化明显更快。1978—2000年,城镇人口比例每年平均提升0.72%,2000—2007年为2.0%,2008年以后未有明显增加(由于政策的控制,限制外来人口);道路长度2000年前后每年平均增加244 km、597 km;民用汽车数量2000年前后每年平均增加2.0万辆和15.2万辆。

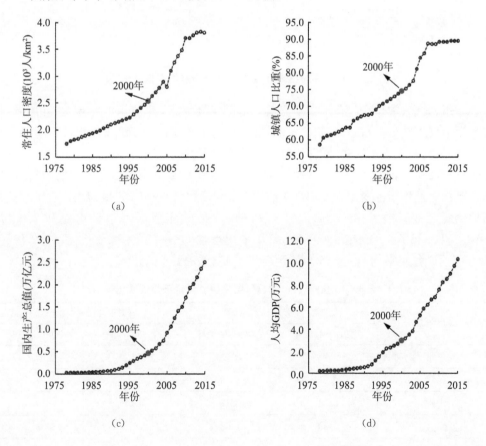

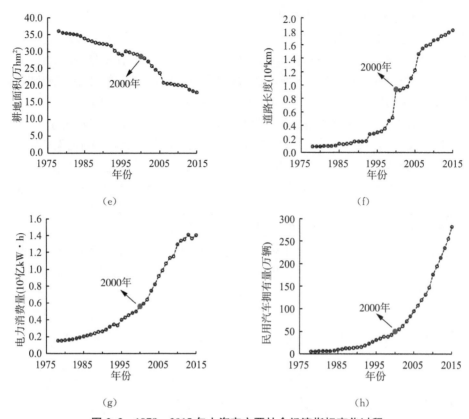

图 2.3 1978—2015 年上海市主要社会经济指标变化过程

苏州、无锡、常州为分布于太湖流域北部的主要城市,其中苏州为特大城市,无锡、常州为Ⅰ型大城市。嘉兴、湖州位于流域南部,为中等城市。表 2.1 给出了 5 座典型城市 2000 年前后代表性社会经济指标(人口比重增长率和 GDP 年增长量)的对比情况。由表可知,2000 年前后可视为 1978—2015 年这 5 座典型城市城镇化的主要转折点,后期主要社会经济指标变化幅度均快于前期。如 1978—1999 年,苏州、无锡、常州城镇人口比例每年平均提高 0.73%、0.61%、0.64%,2000 年后则每年平均提升 2.03%、2.18% 和 2.18%;GDP 在 2000 年前每年平均增加 60.3 亿元、50.6 亿元、23.7 亿元,2000 年后则每年平均增加 863.9 亿元、487.9 亿元、311.5 亿元。

表 2.1 2000 年前后苏、锡、常、嘉、湖主要社会经济指标变化速率对比

| 城市 | 城镇人口比重年增长(%) | | GDP 年增长(亿元) | |
|---|---|---|---|---|
| | 1978—1999 | 2000—2015 | 1978—1999 | 2000—2015 |
| 苏州 | 0.73 | 2.03 | 60.3 | 863.9 |
| 无锡 | 0.61 | 2.18 | 50.6 | 487.9 |
| 常州 | 0.64 | 2.18 | 23.7 | 311.5 |
| 嘉兴 | 0.39 | 1.53 | 20.3 | 188.6 |
| 湖州 | 0.00 | 1.17 | 13.2 | 108.7 |

## 2.2.2　下垫面变化

### 2.2.2.1　土地利用情况

为分析快速城镇化进程中太湖流域下垫面变化特征,解译了 1990 年、2000 年和 2015 年太湖流域土地利用情况,如图 2.4 所示。表 2.2 根据图 2.4 进一步统计了 1990 年、2000 年、2015 年 3 个阶段全流域各地类面积。太湖流域土地利用类型分为城镇建设用地、水域、水田、旱地和林地共 5 类。其中,城镇建设用地和水域分别基于归一化建设用地指数和归一化水体指数提取,两者概要说明如下。

（1）归一化建设用地指数

归一化建设用地指数（Normalized Difference Built-up Index，NDBI）源于对 NDVI 指数的深入分析,最早由杨山[132]提出,其建立了基于稀疏植被光谱特征的改进 NDBI 指数,NDBI 指数表达为

$$\begin{cases} \text{NDBI}=0, & \text{如果 Red}<\text{NIR}<\text{MIR}, \\ \text{NDBI}=(\text{MIR}-\text{NIR})/(\text{MIR}+\text{NIR}), & \text{其他} \end{cases} \tag{2-1}$$

式中,Red 为红光 TM3 波段;MIR 为中红外 TM5 波段;NIR 为近红外 TM4 波段。显然,NDBI 值介于[−1，−1]之间,当 NDBI>0 的灰度值为城镇建设用地区域。

（2）归一化水体指数

Gao[133]于 1996 年提出归一化水体指数（Normalized Difference Water Index，NDWI）,指数定义为

$$\text{NDWI}=(\text{Green}-\text{NIR})/(\text{Green}+\text{NIR}) \tag{2-2}$$

式中,NIR 为近红外 TM4 波段;Green 为绿光 TM2 波段。该指数的优点是可以抑制植被信息,增强水体信息,而不足之处在于提取城镇范围内水体信息时夹杂许多非水体的信息。

因此,徐涵秋[134]在 Gao 的基础上,对波长组合进行修改,提出了改进的归一化水体指数（Modified Normalized Difference Water Index，MNDWI）,指数定义为

$$\text{MNDWI}=(\text{Green}-\text{MIR})/(\text{Green}+\text{MIR}) \tag{2-3}$$

式中,MIR 为中红外 TM5 波段;Green 为绿光 TM2 波段。

徐涵秋[134]将 NDWI 和 MNDWI 分别在含不同水体类型的遥感影像中进行了实验,MNDWI 大部分获得了比 NDWI 好的效果,特别是在提取城镇范围内的水体时,并解决了提取水体过程中阴影难以消除（夹杂非水体信息）的问题。

由图 2.4 和表 2.2 可知,1990—2015 年全流域城镇建设用地面积大幅度增加。其中从 1990 年到 2000 年,城镇用地面积增加近 2 900 km²,占总流域面积比例由 7.2% 增加到 14.9%;2000—2015 年增加面积超 4 600 km²,占比由 14.9% 增加到 27.3%。1990 年水田、旱地面积占全流域总面积的 69.6%,而 2000 年和 2015 年分别减少到 58.0%、45.9%。相比城镇建设用地、水田和旱地,林地和水域的变化较小。因此,太湖

流域土地利用变化的主要特点是城镇用地大量增加,林地、水田等面积大幅减少,这意味着流域下垫面格局的剧烈变化。

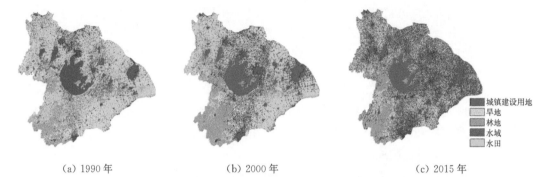

（a）1990 年　　　　　　　（b）2000 年　　　　　　（c）2015 年

**图 2.4　太湖流域 1990 年、2000 年、2015 年土地利用分布图**

**表 2.2　1990 年、2000 年、2015 年太湖流域各种土地利用/覆被类型面积统计**

| 土地类型 | 城镇建设用地 | | | 水田 | | | 旱地 | | |
|---|---|---|---|---|---|---|---|---|---|
| 年份 | 1990 | 2000 | 2015 | 1990 | 2000 | 2015 | 1990 | 2000 | 2015 |
| 面积（km²） | 2 647.7 | 5 511.3 | 10 164.2 | 23 452.2 | 19 701.0 | 13 526.2 | 2 317.6 | 2 019.6 | 3 701.0 |

| 土地类型 | 林地 | | | 水域 | | | — | — | — |
|---|---|---|---|---|---|---|---|---|---|
| 年份 | 1990 | 2000 | 2015 | 1990 | 2000 | 2015 | — | — | — |
| 面积（km²） | 3 588.9 | 5 335.1 | 3 889.3 | 5 419.8 | 4 859.0 | 5 952.3 | — | — | — |

### 2.2.2.2　建成区空间分布

进一步采用美国国防卫星提供的夜间灯光数据（DMSP-OLS）,引入平均灯光强度指数,解译了不同年份太湖流域建成区空间范围,以阐明太湖流域城市群动态扩张的空间特征。

平均灯光强度指数的定义如下:

$$ALI = \frac{1}{N_L \times DN_m} \times \sum_{i=1}^{DN_m}(DN_i \times n_i) \tag{2-4}$$

式中,$DN_i$ 为第 $i$ 级像元灰度值;$n_i$ 为第 $i$ 级像元数;$DN_m$ 为最大像元灰度值;$N_L$ 为所有灯光（$DN_m \geqslant DN \geqslant 1$）像元数。

图 2.5 给出了太湖流域采用夜间灯光提取的 1992 年、2000 年、2015 年城区空间分布图,表 2.3 进一步给出了具体建成区面积。由该图可知,流域在 1992 年的建成区主要分布在上海、苏州、无锡、常州等地的夜间灯光区域较少,全流域建成区面积仅765 km²。到 2000 年,上海、苏州、无锡、常州夜间灯光区域大范围增加,这与国内外许多地区城市化空间格局一致,全流域建成区面积达到 2 104 km²。至 2015 年,上海、苏州、无锡、常州的灯光区已成连片趋势,建成区面积达 6 731 km²。城市建成区沿骨干河道(如长江、江南运河、黄浦江等)及高速公路的线状扩张特征也较明显,这一特征并非偶

然,而是与太湖流域作为水网地区的自然条件及长期以来围绕水网和公路的经济产业和城市布局特点一致。太湖流域东部地区城市化水平较高,而西部湖西区及浙西区城镇化水平则相对较低,平原水网地区已形成了城市连绵带,是城镇化影响最剧烈的区域。

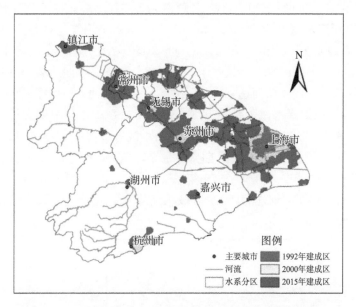

图2.5　太湖流域1992年、2000年、2015年城区空间分布图

表2.3　太湖流域1992年、2000年、2015年建成区面积　　　　　　单位:km²

| 年份 | 浦西区 | 浦东区 | 阳澄淀泖区 | 武澄锡虞区 | 杭嘉湖区 | 湖西区 | 浙西区 | 全流域 |
|---|---|---|---|---|---|---|---|---|
| 1992年 | 386 | 98 | 45 | 83 | 56 | 53 | 21 | 742 |
| 2000年 | 805 | 362 | 301 | 316 | 149 | 75 | 56 | 2 064 |
| 2015年 | 1 259 | 807 | 1 407 | 1 357 | 730 | 647 | 120 | 6 327 |

综合不同年份城区空间分布差异,太湖流域空间城镇化过程具有两个方面的显著特征:一是围绕流域大城市向周边的圈层扩张;二是围绕主要交通干线或河道,如沿大运河、黄浦江、京沪铁路线状扩张。这两种扩张模式发展的结果是太湖流域东部城镇化区域的连片化。

## 2.3　气象水文要素变化

降水、水位是太湖流域最重要的气象水文要素。太湖流域洪灾损失主要由长历时梅雨造成,因此流域长历时降水量是重要研究对象。本小节重点研究流域汛期降水量、太湖年最高水位的年际变化特征,同时还剖析汛期降水集中性的变化。

### 2.3.1　降水

采用太湖流域长系列汛期(5—9月)、汛期各月降水量,解析流域汛期降水的年际变化和丰枯特征。图 2.6 给出了 1954—2016 年太湖流域汛期降水量。据统计,在 20 世纪 90 年代之前(1954—1989 年),流域汛期降水量平均值为 692 mm,且只有 2 年超过 900 mm(1956 年和 1957 年),对应太湖年最高水位均不超过 4.5 m(最高值为 4.42 m,1983 年)。20 世纪 90 年代,太湖流域汛期降水平均值为 736 mm,其中 1991 年和 1999 年降水量分别达 979 mm、1 181 mm(图中用红色柱状标出),对应太湖年最高水位分别为 4.78 m 和 4.97 m。2000—2014 年,太湖流域汛期降水量总体并不高,均在 800 mm 以下(仅 2011 年超过了 800 mm),且呈现增加趋势,相应太湖最高水位仅在 2009 年莫拉克台风期间达到 4.23 m(唯一 1 次超过 4 m)。但 2015 年、2016 年太湖流域连续两年汛期降水量分别达 978 mm 和 1 088 mm 且发生大规模洪涝事件。图 2.7 给出了 1954—2016 年流域汛期降水量的小波等值线图和小波方差图。从图中可知,在 63 年的时间尺度上流域汛期降水量存在着显著的高低演替阶段:1954—1962 年汛期降水总体偏丰,1963—1979 年总体偏枯,1980—1999 年总体偏丰,2000—2013 年总体偏枯,而 2014 年之后,太湖流域汛期降水则开始进入偏丰阶段,使流域防洪除涝面临更严峻的形势。

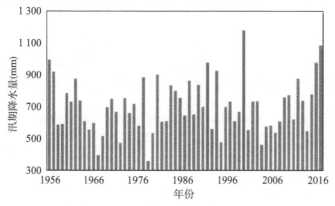

**图 2.6 1954—2016 年太湖流域汛期降水量**

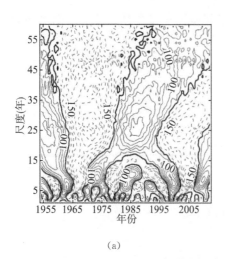

(a)

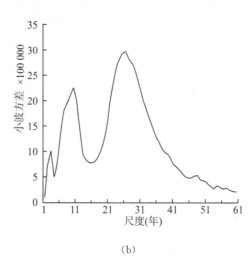

(b)

**图 2.7 1954—2016 年太湖流域汛期降水量小波等值线图(a)和小波方差图(b)**

汛期降水量在时程上的集中程度也是影响流域防洪除涝情势的重要因素。笔者统计了 1954—2016 年流域汛期各月（5—9 月）降水量占汛期降水量的比例，并对其趋势性进行检验，结果如表 2.4 所示。研究表明 5 月降水、9 月降水占汛期降水的比例具有显著下降趋势，而 6 月、8 月、6—7 月、6—8 月降水占汛期降水的比例则反之，均呈显著上升趋势，因此，流域汛期降水在时程上更趋于集中，这对流域防洪除涝总体上更为不利。

表 2.4　1954—2016 年太湖流域 5—9 月降水量占汛期降水比例趋势性检验结果

| 月份 | 趋势 | 线性变化速率 | $Z$ 值 | 置信度 |
|---|---|---|---|---|
| 5 月 | ↓ | $-0.08\%$ | $-1.96$ | 0.950 |
| 6 月 | ↑ | $0.14\%$ | $1.50$ | 0.963 |
| 7 月 | 不显著 | $0.10\%$ | $1.50$ | 0.866 |
| 8 月 | ↑ | $0.12\%$ | $2.08$ | 0.963 |
| 9 月 | ↓ | $-0.18\%$ | $-2.94$ | 0.997 |
| 6—7 月 | ↑ | $0.16\%$ | $1.91$ | 0.944 |
| 6—8 月 | ↑ | $0.25\%$ | $3.20$ | 0.999 |

## 2.3.2　水位

太湖水位是表征流域水文情势的重要因子，图 2.8 给出了 1954—2016 年太湖年内最高水位。基于 Morlet 连续小波分析了太湖年内最高水位的丰枯演替过程，图 2.9（a）（b）分别为小波等值线图、小波方差图。由该图可知，1954 年以来，太湖年内最高水位总体呈升高趋势，但在 2000 年之后呈现出一个较为平稳的状态（原因是引江济太工程的实施），此后又转为上升态势。太湖年内最高水位的年际波动与汛期降水量丰枯变化较为吻合。进一步计算了 1954—2016 年流域汛期降水和太湖年内最高水位的线性相关系数，其值达到了 0.85。

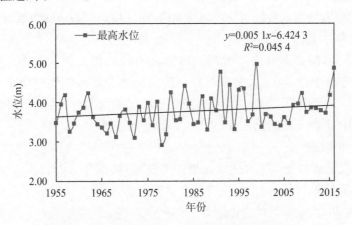

图 2.8　1954—2016 年太湖年最高水位变化过程

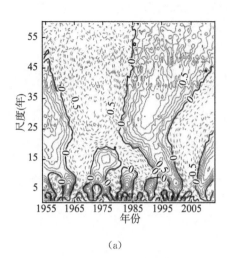
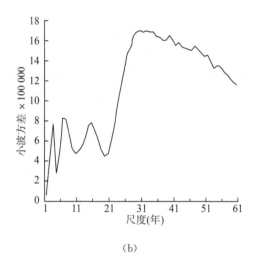

(a)　　　　　　　　　　　　　　　　　(b)

**图 2.9　1954—2016 年太湖年内最高水位的小波等值线图(a)和小波方差图(b)**

## 2.4　防洪除涝工程变化

在太湖流域城镇化进程中,流域、区域和城市防洪除涝基础设施规划建设也持续开展。特别是在 1991 年流域大洪水以来,11 项流域骨干工程相继开工,流域内各分区也开展大规模整治,同时苏州、无锡、常州等重要城市防洪工程也相继建成,流域、区域和城市工程布局、调度方式随之也发生了重大改变。梳理快速城镇化背景下流域、区域和城市防洪除涝工程变化特点,对于认识流域、区域和城市防洪除涝情势变化具有重要意义。

### 2.4.1　流域性工程

对于太湖流域而言,流域性工程以外排或承转流域洪涝为主,望虞河、太浦河、杭嘉湖南排等工程将太湖洪水外排至长江或杭州湾,而江南运河则承转流域洪涝。

(1) 1991 年之前

早在 1955 年,国家即开展了太湖流域综合治理的相关规划工作。经长期研究,1987 年,原国家计委批复了《太湖流域综合治理规划方案》,规划建设了太浦河、望虞河、环湖大堤等 10 项骨干工程。10 项骨干工程在流域内的分布如图 2.10 所示(注:图中增加了黄浦江上游干流防洪工程,总计 11 项骨干工程)。

(2) 1991 年以来

1991 年,太湖流域发生了大规模流域性洪涝事件,该年太湖最高水位创下当时的历史纪录,之后流域、区域、城市加快规划水利工程建设,增列了黄浦江上游干流防洪工程。至 21 世纪初,太湖流域综合治理骨干工程全面进入竣工验收阶段。2010 年,一轮治太 11 项骨干工程全面完成验收任务,其竣工验收时间线如图 2.11 所示。至此,流域初步形成北达长江、南排杭州湾、东出黄浦江的流域水利工程体系,达到防御 1954 年典

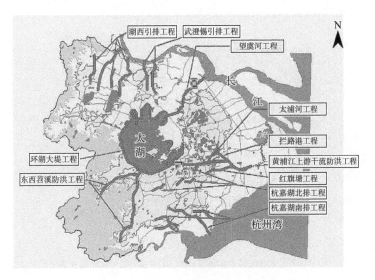

图 2.10 11 项治太骨干工程示意图

型降雨洪水的标准。这些流域性水利工程在抵御 1999 年、2009 年、2015 年、2016 年流域强降水时均发挥了重要作用。

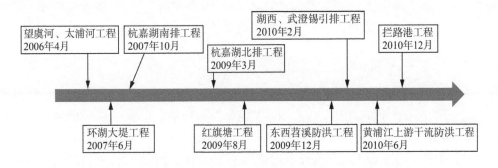

图 2.11 部分治太骨干工程完工时间

（3）2000 年以来

2000 年以来，随着太湖流域城镇化迅猛发展，流域防洪除涝、水资源保护需求不断增加。《太湖流域防洪规划》《太湖流域水资源综合规划》等规划在治太工程基础上安排若干防洪和改善流域水环境的水利工程，形成二轮治太骨干工程布局。根据《太湖流域综合规划（2012—2030 年）》，太湖流域安排太浦河后续工程、望虞河后续工程、新孟河延伸拓浚等 21 项流域综合治理重点工程，各项综合治理骨干引排工程示意图如图 2.12 所示。方案批复以来，部分工程正在建设改造，重要的太浦河后续、望虞河后续、吴淞江工程则有望在未来开工建设。

1991 年之前，流域性防洪除涝工程布局很不完善。1991 年以后，虽然陆续开展了流域性工程建设，但这些工程标准均参照防御 1954 年暴雨洪水设计，因此在应对 1991 年、1999 年暴雨洪水时依然能力不足。目前，虽然二轮治太工程已经开始，但从应

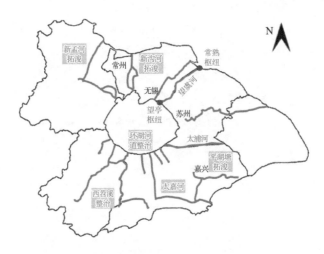

**图 2.12　太湖流域水环境综合治理骨干引排工程示意图**

对 2015 年、2016 年暴雨洪水的情况来看,依然暴露出流域洪水出路不足、流域骨干河道与沿江口门不匹配等问题。例如,2016 年 5 月 1 日—6 月 30 日,太湖洪水外排主要通道太浦闸、望虞河泄流量仅达到设计值的 31%、48%,其主要原因是两河沿线排涝,制约了太湖洪涝水外排。目前,吴淞江行洪工程、太浦河后续工程、望虞河后续工程建设仍处于规划论证阶段,流域洪水外排能力急需扩大。

### 2.4.2　区域性工程

太湖流域内的区域性防洪除涝工程主要指区域引排河道(以武澄锡虞区为例,其区域性骨干引排河道分布如图 2.13 所示),与流域性工程基本同步开展。特别是 21 世纪以来,对各区域骨干引排河道开展了大规模疏浚整治。表 2.5 给出了武澄锡虞区、阳澄淀泖区代表性区域水利工程拓浚整治内容。从 2009 年开始,治太工程中的区域性骨干工程均相继竣工验收,并于 2010 年全部验收完成。

**图 2.13　太湖流域武澄锡虞区区域性骨干引排河道**

随着近年来城镇化的快速发展,区域性河道引排能力难以满足区域防洪除涝需求。从 2016 年洪水应对过程来看,受降水空间分布、外江水(潮)位较高、河道外排能力不足等因素制约,部分区域沿长江节制闸的排涝能力依然难以充分发挥。因此需继续开展区域河道疏浚整治,强化区域外排能力,更好地配合流域洪涝外排。

**表 2.5 武澄锡虞区、阳澄淀泖区代表性区域性整治工程**

| 所属分区 | 工程名称 | 建设内容 |
|---|---|---|
| 武澄锡虞区 | 澡港河泵站扩容工程 | 泵站扩容,设计流量 60 m³/s |
| | 白屈港综合整治工程 | 整治 43.7 km |
| | 锡澄运河北排扩大工程 | 整治 11.7 km,泵站设计流量 120 m³/s |
| 阳澄淀泖区 | 七浦塘工程 | 拓浚 31.8 km,开河 12.1 km |
| | 杨林塘工程 | 拓浚 65.4 km,改建桥梁 41 座 |
| | 白茆塘工程 | 整治 40.7 km,建设 33.9 km,建护岸 89.0 km |

### 2.4.3 城市防洪工程

太湖流域经济十分发达,人口较为密集,而各城市又是太湖流域内人口、财富最集中的地带,因此其防洪除涝的重要性明显高于非城市地区。自《太湖流域防洪规划》批复以来,流域内苏州、无锡、常州、嘉兴、湖州等城市快速发展,在 21 世纪相继开展了城市防洪工程(防洪包围圈)建设,形成流域、区域之外的又一防洪层次。

太湖流域内的城市防洪包围圈主要集中在江南运河沿线。城市防洪包围圈建设在提高城市内部防洪除涝标准的同时,对于流域和区域防洪除涝也具有一定的负面作用。一是防洪包围圈切断了包围圈外的河道连通性,降低了河网洪涝调蓄能力,改变了原有洪涝运动格局,使洪涝外排路径紊乱化。二是城市防洪包围圈配套泵站在汛期集中排涝给区域和流域性骨干河道带来巨大压力,对流域、区域防洪除涝产生不利影响。由表 2.6 可知,运河沿线 5 座城市防洪包围圈排涝总规模为 1 645.5 m³/s,已经远远超过江南运河的行洪能力。在各主要城市之中,尤以苏州、无锡、常州防洪包围圈排水规模较大(表 2.6),3 座城市总排涝流量达 1 407.3 m³/s,其中仅沿江南运河泵站的排涝流量就达到 729.0 m³/s。

**表 2.6 太湖流域主要城市防洪包围圈泵站排水规模** 单位:m³/s

| 城市 | 分片 | 总规模 | 排入江南运河流量 |
|---|---|---|---|
| 常州 | 运北片 | 421.0 | 179.0 |
| | 湖塘片 | 78.1 | 57.7 |
| 无锡 | 运东大包围 | 485.6 | 218.8 |
| | 太湖新城 | 97.0 | 82.0 |
| 苏州 | 城市中心区大包围 | 286.5 | 168.0 |
| | 金阊新城包围 | 39.1 | 23.5 |
| 嘉兴 | 中心城区防洪大包围 | 204.0 | — |

| 城市 | 分片 | 总规模 | 排入江南运河流量 |
|------|------|--------|------------------|
| 湖州 | 中心城区防洪工程 | 34.2 | — |
| | 合计 | 1 645.5 | 729.0 |

  综上所述,对于太湖流域而言,在快速城镇化进程中,流域、区域和城市 3 个层面上的防洪除涝工程均在动态调整。但也存在一些问题,一方面,不少流域和区域性工程尚处于规划论证阶段,滞后于防洪除涝实践需求;另一方面,流域内各主要城市防洪包围圈均已建成,且其排涝规模增长十分迅速,甚至远远超过了江南运河等流域骨干河道的承受能力,还促使了流域洪涝运动格局的调整。流域、区域和城市防洪除涝工程建设的不同步、不匹配可能导致防洪除涝矛盾。

## 2.5  防洪除涝情势变化

  太湖流域自 20 世纪 90 年代以来发生了若干典型暴雨洪涝事件,对这些洪涝事件加以剖析,对于全面认识快速城镇化背景下的流域防洪除涝情势变化具有重要意义。本节首先对 20 世纪 90 年代以来发生的典型洪涝事件进行分析,然后重点对比 2016 年大洪水和 1991 年大洪水事件。

### 2.5.1  历年主要洪涝事件

#### 2.5.1.1  2000 年之前

  太湖流域在 20 世纪 90 年代发生了两场大规模洪水,分别为 1991 年、1999 年洪水。两场暴雨洪水在时空分布上具有显著差异,相应水位和洪水蓄泄格局也不尽相同。此外,这两场暴雨洪水由于致灾性较强,其实况降水时空分布及衍生的"91 北部""91 上游""99 南部"等暴雨时空分布成为日后流域产汇流模型的典型暴雨时空分布,在太湖流域暴雨洪水模型中应用广泛。本节主要从降水、太湖水位、出入湖水量这 3 个方面对比研究了这两场暴雨洪水。

  (1)降水

  1991 年、1999 年暴雨洪水均属梅雨型。1991 年暴雨中心位于流域北部湖西、武澄锡虞区,是典型"北部型洪水",两区各种历时降雨量及其重现期均明显高于其他分区。1999 年暴雨中心位于浙西、杭嘉湖、阳澄淀泖、浦东及浦西等南部地区,是典型"南部型洪水",暴雨集中,全流域平均最大 7 日至 90 日各统计时段的降雨量均超过了历史降雨量最大值。表 2.7 给出 3 个年份(包括 1954 年)各历时极值暴雨量的对比。1999 年各历时的极值暴雨量均远超 1991 年和 1954 年,可见在 1999 年,流域总体面临更严峻的洪涝形势。

表 2.7　1954 年、1991 年、1999 年太湖流域各历时极值暴雨量对比　　单位：mm

| 年份 | 1 d | 3 d | 7 d | 15 d | 30 d | 45 d | 60 d | 90 d |
|---|---|---|---|---|---|---|---|---|
| 1954 | 60 | 114 | 145 | 223 | 352 | 489 | 628 | 891 |
| 1991 | 67 | 139 | 217 | 286 | 491 | 591 | 681 | 828 |
| 1999 | 71 | 150 | 335 | 397 | 617 | 677 | 742 | 1 017 |

（2）太湖水位

表 2.8 给出了 1991 年、1999 年和 1954 年太湖水位各上涨指标的对比情况。由表可知，1999 年太湖起涨水位低于 1991 年，涨水历时也更短，但平均日涨率是 1991 年的 2 倍，因此涨幅较 1991 年更大，太湖最高水位达到 5.00 m。从太湖水位来看，1999 年洪水对流域防洪更加不利，流域的防洪除涝情势更为严峻。

表 2.8　1954 年、1991 年、1999 年洪水期太湖水位各指标对比

| 年份 | 起涨水位<br>（m） | 最高水位<br>（m） | 涨水历时<br>（d） | 涨幅<br>（m） | 平均日涨率<br>（m/d） | 最大日涨率<br>（m/d） |
|---|---|---|---|---|---|---|
| 1954 | 3.09 | 4.73 | 89 | 1.64 | 0.018 | 0.09 |
| 1991 | 3.23 | 4.94 | 57 | 1.71 | 0.030 | 0.23 |
| 1999 | 2.92 | 5.00 | 33 | 2.08 | 0.063 | 0.27 |

（3）出入湖水量

表 2.9 给出了 1991 年和 1999 年洪水期不同历时的太湖出入湖水量对比，可知 1999 年洪水期间各历时的入湖水量、出湖水量均远超 1991 年。由于入湖水量主要取决于上游湖西、浙西区来水量，而 1999 年不同历时入湖水量为 1991 年入湖水量的 1.16～1.40 倍，使得流域防洪除涝情势更为严峻，但因为流域综合治理的部分水利工程（如望虞河、太浦河等）已投入运行，在太湖上游来水均超过 1991 年的情况下，太湖出湖水量也达到了 1991 年的 1.61～2.31 倍，下游苏锡常地区的经济损失仅为 1991 年经济损失的 23%，这充分表明，新建的流域行洪工程在大洪水中发挥了重要作用。

表 2.9　1991 年、1999 年洪水期不同历时太湖出入湖水量对比　　单位：亿 m³

| 最大历时<br>（d） | 入湖 | | 比值<br>1999/1991 | 出湖 | | 比值<br>1999/1991 |
|---|---|---|---|---|---|---|
| | 1999 | 1991 | | 1999 | 1991 | |
| 1 | 2.81 | 2.11 | 1.33 | 1.41 | 0.83 | 1.70 |
| 7 | 17.24 | 12.31 | 1.40 | 9.55 | 5.18 | 1.84 |
| 15 | 20.82 | 17.89 | 1.16 | 20.15 | 8.74 | 2.31 |
| 30 | 41.70 | 32.91 | 1.27 | 25.69 | 15.96 | 1.61 |
| 梅雨期 | 45.93 | 37.65 | 1.22 | 28.59 | 17.46 | 1.64 |

总结太湖流域 20 世纪 90 年代两次大规模洪涝事件：（1）均由长历时梅雨引发，但形成这两场洪涝事件的暴雨具有明显不同的时空分布特征，1991 年暴雨中心位于流域北部，属"北部型洪水"；而 1999 年暴雨中心位于流域南部，属"南部型洪水"。

(2)1999年各历时极值暴雨量均远超1991年,太湖水位及日涨率也超过1991年,流域洪涝情势比1991年更为严峻。(3)由于1999年太湖流域防洪工程体系建设较1991年已取得重大进展,因此1999年流域防洪除涝能力显然强于1991年,暴雨洪水造成的经济损失也少于1991年。

### 2.5.1.2　2000年之后

2000—2014年流域洪涝总体情势相对平稳,梅雨期主要受局地性、短历时的强台风影响,并未发生流域性大暴雨和洪涝灾害,相应经济损失也较小。但2015年和2016年,太湖流域连续发生了两场较大规模洪水。2016年洪水将在2.5.2节展开重点对比分析,本节主要剖析2015年洪水的降水、水位情况。

2015年汛期流域强降雨主要发生在北部湖西区和武澄锡虞区,表2.10给出了全流域和北部两个分区各历时极值暴雨量及重现期。虽然全流域各历时降水的重现期不大,但北部分区尤其是武澄锡虞区长历时暴雨重现期较大,部分极值暴雨重现期甚至超过300年,给流域北部防洪除涝带来巨大压力。2015年汛期,流域北部地区河网水位普遍位列21世纪以来第1位,金坛、常州(钟楼闸)、无锡(大)、青阳、洛社和琳桥6个站点水位创历史新高(表2.11)。

**表2.10　2015年太湖流域及各分区不同时段极值暴雨量**

| 分区 | 时段 | 最大1日 | 最大3日 | 最大7日 | 最大15日 | 最大30日 | 最大60日 | 最大90日 |
|---|---|---|---|---|---|---|---|---|
| 全流域 | 降雨量(mm) | 82.0 | 121.9 | 149.5 | 275.2 | 393.6 | 573.7 | 746.0 |
| | 重现期(年) | 6 | 5 | 7 | 8 | 9 | 10 | 11 |
| 湖西 | 降雨量(mm) | 149.3 | 200.2 | 253.4 | 431.8 | 555.3 | 726.6 | 900.1 |
| | 重现期(年) | 32 | 18 | 15 | 52 | 46 | 35 | 31 |
| 武澄锡虞 | 降雨量(mm) | 142.4 | 256.1 | 333.6 | 521.8 | 691.7 | 824.3 | 991.1 |
| | 重现期(年) | 17 | 53 | 55 | 244 | 354 | 106 | 79 |

**表2.11　汛期地区河网站点最高水位超历史情况**　　　　　　　单位:m

| 水利分区 | 站名 | 2015年汛期最高水位 | 发生时间(月-日　时) | 历史最高水位 | 超历史 |
|---|---|---|---|---|---|
| 湖西区 | 金坛 | 6.54 | 06-28　02 | 6.37 | 0.17 |
| | 常州(钟楼闸) | 6.43 | 06-27　19 | 5.52 | 0.91 |
| 武澄锡虞区 | 洛社 | 5.36 | 06-17　12 | 5.01 | 0.35 |
| | 青阳 | 5.33 | 06-17　12 | 5.06 | 0.27 |
| | 无锡(大) | 5.18 | 06-17　10 | 4.88 | 0.30 |
| | 琳桥 | 4.68 | 06-17　19 | 4.48 | 0.20 |

总结以上分析,2015年太湖流域暴雨在时程上主要集中于6月,形成的洪水特点如下:(1)河湖水位涨落快、历时短、涨幅大;(2)骨干河道尤其是江南运河沿线水位流量超历史;(3)河道上下游峰现时间基本一致;(4)与其他典型年相比,洪水影响范围相对较小,主要对江南运河沿线影响较大。

## 2.5.2 典型洪涝事件对比

2016 年 6—7 月,太湖流域发生了特大洪水,太湖水位一度达到 4.87 m。此次与太湖流域历史上的典型大洪水——1991 年大洪水具有较明显的相似性:两者不仅降水量、河湖水位量级和暴雨洪水发生时段较为接近,而且降水中心均位于流域北部湖西区、武澄锡虞区(北部区域河网水位也最高)。然而,两个年份的致洪降水特性存在较大差异,同时 20 世纪 90 年代以来太湖流域进入了快速城镇化时期,降水条件、下垫面发生较大变化,工程体系、调度方式持续调整,故对比研究 2016 年和 1991 年暴雨洪水对于认识新形势下流域防洪除涝的情势变化具有重要意义。

### 2.5.2.1 主要降水过程

(1) 全流域

图 2.14 给出 2016 年、1991 年汛期流域旬降水过程。两个年份全流域汛期降水最集中的时段均为 6 月中旬—7 月上旬,且该时段内降水量也较接近(分别为 430 mm、468.8 mm)。然而,两个年份降水时程分布具有明显差异。2016 年 6 月中旬—7 月上旬期间,各旬降水量依次为 122 mm、155 mm 和 154 mm,连续性较强,基本可视为一次降水过程;而 1991 年 6 月中旬—7 月上旬期间,各旬降水量分别为 230 mm、21 mm 和 217 mm,降水主要集中在 6 月中旬和 7 月上旬,其间有 11 天的无雨期。在降水量接近的情况下,2016 年流域降水时程分布连续性和集中性更强,使得流域面临的洪涝情势也更为严峻。

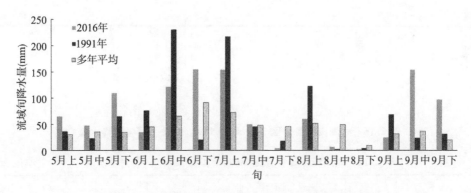

**图 2.14 太湖流域 2016 年、1991 年汛期各旬降水量对比**

(2) 各分区

图 2.15 给出了 2016 年、1991 年太湖流域各分区 6—7 月旬降水过程,表 2.12 给出了两个年份不同阶段降水量统计。两个年份流域降水中心均位于北部湖西区、武澄锡虞区,各分区降水过程总体与全流域类似,降水量均集中于 6 月中旬—7 月上旬。在此期间,1991 年各分区发生了两次降水过程,其间具有明显间隔期;而 2016 年各分区主要降水过程比较连续。湖西区 2016 年洪水期降水量虽小于 1991 年,但在时程分布上更集中;而浙西区、太湖湖区 2016 年洪水期降水量不仅较 1991 年分布更集中,在总量

上也高于 1991 年。由于浙西区、湖西区是太湖水量的主要来源地区,而太湖湖区降水基本直接转化为太湖水量,因此 2016 年洪水期太湖流域降水的这一空间分布特征有利于产生更多的入湖水量,这是导致该年太湖最高水位(4.87 m)超过 1991 年(4.78 m)的重要原因之一。

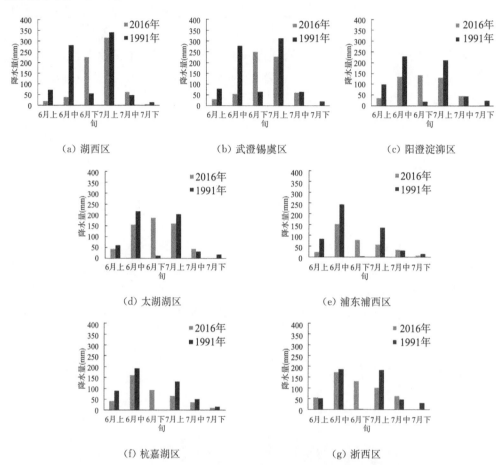

图 2.15  太湖流域各分区 2016 年和 1991 年 6—7 月各旬降水量

表 2.12  太湖流域及各分区 2016 年和 1991 年 6—7 月降水量　　　　单位:mm

| 分区 | 年份 | 6 月 | 7 月 | 6 月中—7 月上 | 分区 | 年份 | 6 月 | 7 月 | 6 月中—7 月上 |
|---|---|---|---|---|---|---|---|---|---|
| 湖西区 | 2016 | 280.0 | 380.9 | 576.4 | 浦东浦西区 | 2016 | 251.7 | 95.0 | 286.4 |
| | 1991 | 404.3 | 399.2 | 673.1 | | 1991 | 327.3 | 176.8 | 377.9 |
| 武澄锡虞区 | 2016 | 332.9 | 289.5 | 530.6 | 杭嘉湖区 | 2016 | 296.2 | 111.7 | 319 |
| | 1991 | 417.3 | 395.0 | 651.4 | | 1991 | 281.7 | 198.5 | 322.3 |
| 阳澄淀泖区 | 2016 | 309.8 | 180.1 | 405.9 | 浙西区 | 2016 | 357.8 | 163.8 | 403.3 |
| | 1991 | 346.1 | 279.9 | 459.2 | | 1991 | 238.1 | 257.5 | 367.8 |
| 太湖湖区 | 2016 | 385.9 | 205.4 | 500.9 | 全流域 | 2016 | 311.5 | 208.0 | 430.0 |
| | 1991 | 288.3 | 251.2 | 430.1 | | 1991 | 327.9 | 281.5 | 468.8 |

### 2.5.2.2　代表站水位

#### (1) 太湖水位

图 2.16 给出了 2016 年和 1991 年 4—7 月太湖日均水位过程线以及太湖流域日降水过程。两个年份对应的 6—7 月太湖最高水位分别为 4.87 m、4.78 m，平均水位分别为 4.22 m 和 4.18 m。

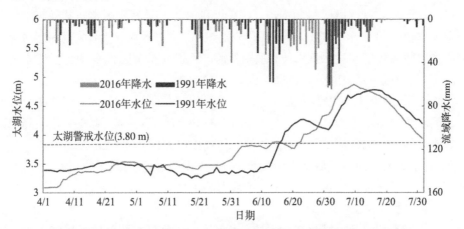

**图 2.16　2016 年、1991 年 4—7 月太湖日均水位过程及流域日降水量**

对比两个年份的流域日降水量和太湖日均水位过程可知：

①由于前期雨量较大（2016 年、1991 年 4 月太湖流域降水量分别为 191.2 mm、115.3 mm），2016 年、1991 年太湖均以高水位进入汛期（两个年份 5 月 1 日太湖平均水位分别为 3.51 m 和 3.50 m，分列历史同期第 1 和第 2）。

②2016 年 5 月下旬的强降水促使太湖水位产生明显上涨，而 1991 年则没有发生这一情况。2016 年 5 月，太湖流域平均降水量明显高于 1991 年，特别是 5 月下旬的强降水过程，使得太湖水位在 6 月 3 日达到 3.80 m，并一直维持至 6 月 20 日左右。而在 1991 年，虽然太湖水位以 3.50 m 进入汛期，但 5 月上旬—6 月上旬流域降水较少，太湖水位并未出现明显上涨。

③2016 年和 1991 年由于降水过程不同，太湖水位变化过程具有明显差异。2016 年太湖流域自 6 月中旬—7 月上旬降水不断，太湖水位从 3.78 m 一直上涨至最高的 4.87 m。而 1991 年，太湖水位上涨过程中发生了两场强降水过程，6 月中旬第一场强降水使太湖水位涨至 4.27 m，但由于 6 月下旬流域降水很少，太湖水位一度下降至 4.09 m；此后 7 月上旬第二场流域性强降水将太湖水位再次抬升，并达到年内最高的 4.78 m。因此，尽管 1991 年 6 月中旬—7 月中旬流域总雨量略高于 2016 年，但两场强降水之间的间隔为洪水调度提供了缓冲，而 2016 年的强降水是连续集中的，对洪水调度产生的压力更大。

④2016 年太湖洪水外排能力明显强于 1991 年，使后期太湖水位消退速率更快。以 2016 年、1991 年太湖达最高水位后的 16 日作为统计时段（分别为 7 月 9 日—7 月 24 日、7 月 15 日—7 月 30 日），2016 年、1991 年平均消退速率分别为 3.6 cm/d、

2.8 cm/d。这主要得益于自 1991 年大洪水之后望虞河、太浦河等行洪通道的强化,使太湖洪水外排能力显著提升。

(2)地区河网代表站水位

表 2.13 给出了 2016 年、1991 年洪水期太湖流域各主要水利分区河网代表站最高水位及其超保证水位幅度。除嘉兴站外,两个年份各分区代表站最高水位均发生于7 月上旬,这与流域及区域强降水过程发生时间相一致。同时,两个年份地区代表站高水位以湖西区和武澄锡虞区最为突出,2016 年和 1991 年,湖西区常州站最高水位分别超出保证水位 1.49 m、0.73 m,王母观站分别超出 0.93 m、0.52 m;武澄锡虞区无锡站和青阳站也较大幅度超过保证水位;而阳澄淀泖区和杭嘉湖区代表站超保证水位幅度明显较小,与流域降水空间分布特征一致。

2016 年,湖西区和武澄锡虞区对应的致洪降水量要低于 1991 年,但这两个分区代表站最高水位明显高于 1991 年。其可能原因有几个方面:一是 2016 年致洪降水的连续性较 1991 年强;二是流域下垫面、水利工程条件以及洪水运动路径和方式发生了较大变化,特别是大运河沿线城市大包围集中排涝加剧了运河沿线水位上涨幅度,并在一定程度上抬升了无锡等城市周边水位;三是太湖水位较 1991 年更高,加剧了上游环湖地区排水难度。

综合太湖水位以及区域代表站水位分析可知,在太湖流域整体外排能力得到显著强化的情况下,2016 年流域整体水位较 1991 年更高,尤其是运河沿线城市的集中排涝使得沿线站点水位更加突出。这说明在新的形势下,由于城市和区域、流域洪涝调度管理的不协同,流域、区域和城市的洪涝矛盾较以往更为突出。因此,协同流域、区域和城市的洪涝调度管理十分必要。

表 2.13 2016 年、1991 年太湖流域典型分区代表站最高水位情况　　单位:m

| 典型分区 | 代表站 | 保证水位 | 1991 年 | | 2016 年 | |
|---|---|---|---|---|---|---|
| | | | 最高水位 | 超保证水位幅度 | 最高水位 | 超保证水位幅度 |
| 湖西区 | 王母观 | 5.60 | 6.12 | 0.52 | 6.53 | 0.93 |
| | 常州 | 4.80 | 5.53 | 0.73 | 6.29 | 1.49 |
| 武澄锡虞区 | 无锡 | 4.53 | 4.88 | 0.35 | 5.25 | 0.72 |
| | 青阳 | 4.85 | 5.12 | 0.27 | 5.33 | 0.48 |
| 阳澄淀泖区 | 苏州 | 4.20 | 4.31 | 0.11 | 4.70 | 0.50 |
| | 湘城 | 4.00 | 4.19 | 0.19 | 3.98 | — |
| | 陈墓 | 4.00 | 3.77 | — | 3.84 | — |
| 杭嘉湖区 | 王江泾 | 3.55 | 3.77 | 0.22 | 3.86 | 0.31 |
| | 嘉兴 | 3.70 | 4.05 | 0.35 | 3.79 | 0.09 |

### 2.5.2.3 洪水蓄泄情况

2016 年、1991 年 5—7 月太湖流域环湖入湖、出湖水量以及沿长江、沿杭州湾洪水外排情况如图 2.17 所示。由图 2.17(a)可知,2016 年和 1991 年,湖西区和浙西区均为

太湖流域防洪除涝协同性问题及综合应对

太湖入湖水量主要来源地区,其入湖水量之和分别占总入湖水量的 96.4% 和 87.1%。而在这两个分区,又由于降水中心均集中于湖西区一带,因此湖西区入湖水量远超浙西区。此外,2016 年 5—7 月湖西和浙西入湖水量远超 1991 年(合计比 1991 年多 17 亿 m³),加之同期湖区降水量明显大于 1991 年,这也是 2016 年太湖最高水位超过 1991 年的主要原因之一。

由图 2.17(b)可知,2016 年太湖出湖水量格局较 1991 年发生了巨大变化。1991 年,太浦河工程仍处于有闸无河阶段,望虞河工程亦尚未完工,阳澄淀泖区承泄的太湖洪水占出湖水量一半以上(52%),其次为武澄锡虞区。当年不得不采取紧急分洪措施,以减轻太湖水位压力。而在 2016 年,太浦河和望虞河已成为太湖洪水外排主要通道,两河在 5—7 月累计排泄太湖洪水 51 亿 m³,占同期太湖总出湖水量的 80% 以上,各分区出湖水量所占比例很小。

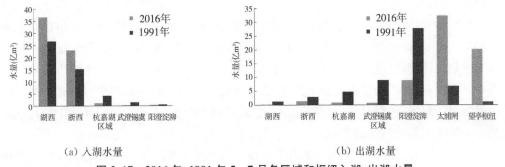

(a) 入湖水量　　　　　　　　　　　　(b) 出湖水量

**图 2.17　2016 年、1991 年 5—7 月各区域和枢纽入湖、出湖水量**

除太湖出入湖水量格局改变外,全流域洪水外排格局也有较大变化。1991 年流域洪水外排主要依靠北部沿江口门(5—7 月外排水量高达 59.71 亿 m³),杭嘉湖南排水量仅为 8.84 亿 m³;随着近年来杭嘉湖南排工程有所完善,2016 年 5—7 月杭嘉湖南排水量达 20.2 亿 m³,北部沿江口门外排水量为 34.16 亿 m³。杭嘉湖南排工程减轻了流域洪水通过太浦河东出黄浦江的压力,对流域防洪除涝具有积极作用。

总结对比 2016 年、1991 年两次大洪水事件:(1)两者致洪降水发生日期和降水总量十分接近,但在时程分布上差异明显,2016 年致洪性降水时空集中性更突出,对流域防洪除涝更不利。(2)在 2016 年洪水期,作为太湖水量主要来源的湖西、浙西入湖水量明显超过 1991 年,且湖区降水量也明显大于 1991 年,导致太湖最高水位高于 1991 年。(3)尽管治太骨干工程的建成使 2016 年流域洪水外排格局较 1991 年发生了很大变化,但在强降水期间依然暴露出流域外排能力不足的问题。这些结果表明,尽管经过长期治理,若一旦遭遇极端性强降水事件,太湖流域防洪除涝形势仍然比较严峻,且城市和区域、流域的防洪除涝矛盾比较突出,这是快速城镇化背景下流域防洪除涝必须正视的问题。

## 2.6　小结

本章剖析了太湖流域城镇化的时空演进特征,诊断了流域降水和水位要素的动态变化规律,梳理了流域、区域和城市防洪除涝工程的变化,分析对比了典型洪涝事件,阐明了流域防洪除涝情势,主要研究内容和结论概述如下。

(1)剖析了太湖流域城镇化的时间阶段性和空间结构性。时间演进方面,2000年后太湖流域步入快速城镇化阶段,社会经济指标和下垫面特征参数变化幅度较之前大为增加。在空间演进方面,城镇建设用地大规模增长,建成区范围除具有围绕大中城市向周边圈层扩张的特征外,还具有明显的沿骨干河道和交通干线的线状扩张特征。流域东部平原水网地区形成了城市连绵带,是城镇化影响最剧烈的区域。

(2)诊断了太湖流域降水和水位要素的趋势性和周期性波动规律。从趋势性来看,流域汛期降水和太湖年内最高水位在年际上均呈上升趋势,且太湖流域汛期降水量在汛期各月的分布向6—8月集中;从丰枯波动来看,2014年后太湖流域汛期降水进入了偏丰阶段。太湖流域气象水文要素的变化特征对于流域当前及今后的防洪除涝形势是较为不利的。

(3)在太湖流域快速城镇化进程中,流域、区域和城市防洪除涝工程均在动态调整,但这3个层面的防洪除涝工程建设明显不匹配。一方面,不少流域和区域性工程尚处于规划论证阶段,滞后于防洪除涝实践需求;另一方面,流域内各主要城市防洪包围圈均已建成,且其排涝规模增长十分迅速,甚至远远超过了江南运河等流域骨干河道的承受能力。流域、区域和城市防洪除涝工程建设的不同步、不匹配可能导致洪涝运动格局的无序变化和防洪除涝矛盾。

(4)2016年、1991年太湖流域大洪水事件的对比表明,虽然太湖流域经过了长期治理,但一旦遭遇极端性强降水事件,防洪除涝形势依然比较严峻,仍面临着太湖与河网代表站水位过高、洪涝外排能力不足等问题,且城市和区域、流域的防洪除涝矛盾比较突出,因此在快速城镇化背景下对流域、区域和城市防洪工程布局及调度方式加以优化和协同十分必要。

# 第3章

## 防洪除涝协同性问题及其强化策略

## 3.1 概述

第2章通过对太湖流域防洪除涝情势变化的分析,初步揭示了在快速城镇化进程中流域、区域和城市防洪除涝格局发生的显著变化,并指出了流域、区域和城市防洪除涝的矛盾比较突出。特别是流域内主要城市均建成了封闭性包围圈,且以泵站为依托的抽排能力大幅度增长,而区域、流域骨干防洪除涝工程建设滞后,从而制约了流域整体的防洪除涝能力,这说明有效协同流域、区域和城市防洪除涝是十分必要的。

然而,以往研究尚没有针对不同层面防洪除涝协同性的基本概念和内涵加以总结,也没有系统阐述防洪除涝协同性存在的主要问题。本章在第2章的基础上,首先梳理太湖流域3个层面(即流域、区域和城市)防洪除涝的基本特点、任务,然后从防洪除涝标准、工程布局和调度方式3个角度论述防洪除涝协同性的内涵和要求,剖析了防洪除涝协同性方面存在的主要问题,并针对这些问题提出强化协同性的技术思路和对策。本章的研究是第4章和第5章的必要基础。

## 3.2 防洪除涝层次特点

经过长期演化,太湖流域形成了流域、区域和城市相结合的防洪除涝格局。对3个层次上的防洪除涝要点加以梳理是阐明防洪除涝协同性的基础。本节主要结合太湖流域河湖水系特点,阐述流域防洪的要点;对于区域防洪除涝,主要以流域内武澄锡虞、阳澄淀泖和杭嘉湖3个分区为例阐述;对于城市防洪除涝,主要以常州、无锡、苏州和嘉兴为例加以分析。

### 3.2.1 流域防洪

流域防洪一般具有特定含义。流域防洪以流域为主体,其对象为流域性洪水,包括外洪和内洪。对于太湖流域而言,流域性洪水一般由长历时、覆盖范围广的梅雨形成。由于流域地形(碟状)和水系特点(图3.1),太湖是全流域洪涝调蓄的中心,在强降水期间,流域上游湖西区、浙西区产生的洪水经太湖调蓄后,由流域性骨干河道(目前主要是太浦河—黄浦江、望虞河、杭嘉湖南排工程等)向下游分泄入长江、黄浦江、杭州湾。据太湖流域管理局统计,1999—2013年间,太浦河共排泄流域洪涝132.8亿$m^3$,年均8.85亿$m^3$;望虞河共排泄流域洪涝89.0亿$m^3$,年均5.93亿$m^{3[135]}$。此外,还有部分洪涝通过下游分区环湖口门排泄,约占汛期出湖水量的10%。

因此,对于太湖流域而言,流域防洪的要点可概括为:对于外洪,通过江堤、海塘防御外围洪水和海潮;对于流域上游地区产生的内洪,则是经过太湖调蓄,通过流域性行洪通道,外排至流域界外。流域防洪的保护对象为流域中的大中城市、下游及环湖低洼地区,是区域和城市防洪除涝的基础。

### 3.2.2 区域防洪除涝

对于太湖流域而言,区域防洪是依靠区域所建立的防洪控制线防御区域外部洪水,

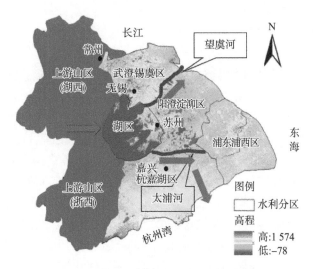

**图 3.1　太湖流域地形及防洪要素示意图**

而区域排涝主要通过区域性骨干河道或闸站外排至其他相邻区域或流域。因此,区域防洪排涝主要防御流域性洪水或相邻区域来水,同时解决本区域内部产生的洪涝外排问题。但区域洪涝有时也排入太湖,转化成流域洪水。因此,太湖流域内各区域之间、区域与流域之间防洪排涝实际上是相互影响的。

太湖流域内各分区在沿长江、环太湖、沿杭州湾以及分区高、低片之间一般建有防洪控制线(主要由堤防、闸门、泵站等防洪排涝工程构成),各区域通过这些控制线的调度,合理安排洪涝蓄泄。以太湖流域北部的武澄锡虞区为例,该区北部建有长江大堤,东部为望虞河堤防,西部有武澄锡西堤防控制线,南部为环湖大堤防控制线。该区防洪除涝的主要任务可概括为:防洪依靠北部、南部、东部、西部控制线抵御外部洪水,排涝则是通过区域性河道将本区域涝水北排长江和东排望虞河(东排望虞河会影响太湖洪水外排)。阳澄淀泖区、杭嘉湖区等其他各分区情况类似(图 3.2)。

**图 3.2　太湖流域典型分区及其沿江、环湖控制线示意**

### 3.2.3 城市防洪除涝

城市是地区政治、经济、文化的中心。随着经济发展,城市地区人口和财富密度越来越高,一旦发生洪涝灾害,造成的损失一般远高于非城市地区,因此城市一般在流域、区域防洪除涝工程体系的基础之上,需进一步采取措施提高自身防洪除涝标准。

太湖流域分布着众多大中城市,其中江南运河沿线的常州、无锡、苏州和嘉兴的位置如图3.3所示。这4座城市均建设了防洪包围圈工程,将中心城区封闭起来,其相应的防洪排涝工程规模参数详见第2章表2.6。对于建有防洪包围圈的城市而言,其防洪除涝的概念比较明确,即通过防洪堤防(防洪墙)以及河道闸门抵御包围圈外部洪水,同时启用包围圈配套排涝泵站、闸门排出城市内部雨涝。而城市雨涝的出路既可能是区域性河道,也可以是流域性河道(如江南运河、太浦河),因此城市防洪除涝与区域、流域也具有较复杂的关系和矛盾。

图3.3 太湖流域研究区典型城市及与江南运河位置关系

总之,对于太湖流域而言,流域防洪、区域防洪除涝和城市防洪除涝的侧重以及实现方式不同,但又相互影响。其中,流域防洪的对象为流域性洪涝,主要通过流域性骨干河道外排至流域外;区域防洪除涝对象则为区域性洪涝,依靠区域性河道外排至本区域外,但其去向可能是流域外,也可能是流域性外排通道(如望虞河、太浦河),因此区域除涝容易与流域行洪产生矛盾;而不少城市虽然形成了封闭结构,但其雨涝的最终去向是区域或流域性河道,故而也容易和区域、流域防洪除涝产生矛盾。

## 3.3 防洪除涝协同性内涵及存在问题

本书3.2节阐明了流域、区域和城市3个层次防洪除涝的层次特点,但这3个层次的防洪除涝不是割裂的、分离的,而是相互影响的。对流域来说,需考虑内部各区域和城市防洪除涝的影响,才能更好地规划流域防洪工程;对于区域则需考虑流域边界条件和内部城市的影响;对城市而言,其外部流域和区域的防洪除涝更是事关城市本身的防洪除涝安全。因此,流域、区域和城市防洪除涝协同性至少应当具有以下含义:一是流域外洪和内部骨干河湖洪水得到及时排泄,为各区域和城市防洪除涝提供安全的外围条件;二是区域有效阻挡外部洪水并及时排出内部涝水,同时不影响流域洪水外排;三是城市防洪除涝工程在保障城市自身安全的同时,不给其所处区域和流域以及其他城市增加过大的防洪除涝压力。

防洪除涝的协同性可从防洪除涝标准、工程布局和调度方式3个角度进一步剖析,3个方面的协同有利于提升流域整体防洪除涝能力。下文从这3个方面详细阐述防洪除涝协同性的内涵。

### 3.3.1 防洪除涝标准的协同性

#### 3.3.1.1 设计暴雨空间分布

对平原河网地区的流域而言,由于水面比降小,流向往复不定,往往缺乏系统性的断面流量数据,因此设计洪水常通过设计暴雨采用水文水动力模型开展模拟计算,相应的设计洪水成果为骨干河道等防洪工程规模确定提供指导。可见,设计暴雨成果对流域、区域防洪除涝标准有重要影响,因此对平原河网不同分区防洪除涝标准的协同性研究可从设计暴雨的角度开展。

设计暴雨空间分布的协同性对流域防洪除涝至关重要,这要求设计暴雨量在流域面上的分布是合理协同的。太湖流域面积较大,分为7个水利分区,需将设计暴雨在流域面上按照不同分区进行分配,若某一分区设计雨量过大或过小不仅会造成该分区内计算洪水位过高或过低,甚至对相邻分区设计洪水位产生影响(边界条件效应),并进一步影响各分区防洪除涝标准的制定。

太湖流域地势平坦,水面比降小,河网密布且互相连通,流向往复不定。受区域之间水量交换、高水顶托等因素影响,区域内部某一设计暴雨控制下的计算水位不仅与区域内暴雨量有直接关系,也与区域外暴雨间接相关。举例来说,若湖区发生较大规模降水,太湖水位上涨会加大上游分区的排水难度,从而造成上游分区水位壅高;反之,上游地区的强降水也会造成太湖甚至下游分区水位的高涨。因此,设计暴雨的空间分布应尽可能合理、客观、协同,对太湖流域设计暴雨空间分布的协同性开展研究极为必要。

现状太湖流域在防洪规划中采用5类设计暴雨,包括"91上游""91北部""99南部""54实况""54同倍比",其中后两类"54型"设计暴雨由于在雨量时程分配上较均匀,对流域整体防洪不利程度较低,在洪水计算中已不再采用,而前3类设计暴雨类型在太湖流域设计洪水计算中较为常见。这3类设计暴雨空间分布均采用"典型年法"进行计算,即采用各分区典型年(如91年和99年)最大时段降雨量比例对相应区域内的分区雨量进行分配(以下简称"典型年法")。

以"91北部"典型设计暴雨空间分布为例,该设计暴雨空间分布重点考虑了流域北部地区,规定如下:全流域和北部区域设计暴雨量同频(均为100年一遇或50年一遇),其余分区相应;时程分配上按照最大30日、最大60日和最大90日极值暴雨同频控制,其他2类典型设计暴雨空间分布规定类似,详见表3.1。

表 3.1　3 类典型极值暴雨的时程分配和空间分配

| 设计暴雨类型 | 重现期 | 空间分布 | 时程分布 |
|---|---|---|---|
| 91 北部 | 50 年一遇 | 全流域和北部(湖西＋武澄锡虞区)均为 50 年一遇,其余分区相应 | 按最大 30 日、60 日、90 日暴雨控制 |
| | 100 年一遇 | 全流域和北部(湖西＋武澄锡虞区)均为 100 年一遇,其余分区相应 | 按最大 90 日暴雨控制 |
| 91 上游 | 50 年一遇 | 全流域和上游(湖西＋浙西＋湖区)均为 50 年一遇,其余分区相应 | 按最大 30 日、60 日、90 日暴雨控制 |
| | 100 年一遇 | 全流域和上游(湖西＋浙西＋湖区)均为 100 年一遇,其余分区相应 | 按最大 30 日、60 日、90 日暴雨控制 |
| 99 南部 | 50 年一遇 | 全流域和南部(浙西＋杭嘉湖＋湖区＋浦东浦西＋阳澄淀泖)均为 50 年一遇,其余分区相应 | 按最大 30 日、60 日、90 日暴雨控制 |
| | 100 年一遇 | 全流域和南部(浙西＋杭嘉湖＋湖区＋浦东浦西＋阳澄淀泖)均为 100 年一遇,其余分区相应 | 按最大 30 日、60 日、90 日暴雨控制 |

值得注意的是,关于空间分布的规定主要包含了两个要素:一是北部地区和全流域暴雨量同频,二是其他分区相应。第一个要素突出了北部地区暴雨量,可以突出流域北部地区的防洪除涝需求,是合理的;第二个要素规定其他分区设计暴雨量相应的计算方法如下:

$$P_j = k_{t_i - t_{i-1}} P_{D,j} \tag{3-1}$$

$$k_{t_i - t_{i1}} = \frac{X_{M,t_i} - X_{M,t_{i1}}}{X_{D,t_i} - X_{D,t_{i1}}} \tag{3-2}$$

$$X_M = (X_p F - X_{k,p} F_k) \frac{X_M}{\sum_{I=1}^{n_c} X_I f_I} \tag{3-3}$$

式中,$P_j$ 为南部区第 $M$ 分区第 $j$ 天相应设计雨量(mm);$P_{D,j}$ 为南部区第 $M$ 分区第 $j$ 天典型雨量(mm);$X_{M,t}$ 为南部区第 $M$ 分区时段相应设计雨量(mm);$X_D$ 为南部区第 $M$ 分区时段典型雨量(mm);$X_p$ 为流域时段雨量设计值(mm);$F$ 为流域面积(km²);$X_{k,p}$ 为北部区时段雨量设计值(mm);$F_k$ 为北部区面积(km²);$X_M$ 为南部区第 $M$ 分区时段雨量典型年值(mm);$X_I$ 为南部区第 $I$ 分区最大时段雨量典型年值;$n_c$ 为南部区分区个数;$f_I$ 为南部区第 $I$ 分区权重。

简而言之,在"91 北部"设计暴雨方案中,南部各个分区的设计暴雨量是从流域总暴雨量中将北部地区的设计雨量扣除之后,按照典型年(此处为 1991 年)进行缩放得到的,其设计暴雨计算成果如表 3.2 所示。

表 3.2　防洪规划"典型年法""91 北部"50 年一遇分区设计暴雨成果及重现期

| 历时 | | 区域 | | | | | | | |
|---|---|---|---|---|---|---|---|---|---|
| | | 湖西 | 武澄锡虞 | 阳澄淀泖 | 湖区 | 杭嘉湖 | 浙西 | 浦东浦西 | 全流域 |
| 最大 30 日 | 防洪规划(mm) | 548.7 | 523.5 | 601.0 | 546.1 | 447.6 | 456.3 | 532.5 | 514.8 |
| | 重现期(年) | 43 | 37 | 96 | 40 | 16 | 7 | 51 | 50 |

| 历时 | | 区域 | | | | | | | |
|------|------|------|------|------|------|------|------|------|------|
| | | 湖西 | 武澄锡虞 | 阳澄淀泖 | 湖区 | 杭嘉湖 | 浙西 | 浦东浦西 | 全流域 |
| 最大 60 日 | 防洪规划(mm) | 746.1 | 727.8 | 768.2 | 708.3 | 667.4 | 763.0 | 723.8 | 727.7 |
| | 重现期(年) | 42 | 41 | 63 | 28 | 22 | 15 | 50 | 50 |
| 最大 90 日 | 防洪规划(mm) | 943.3 | 921.0 | 946.3 | 881.1 | 820.1 | 964.9 | 889.8 | 908.1 |
| | 重现期(年) | 43 | 42 | 60 | 25 | 17 | 14 | 44 | 50 |

虽然采用"典型年法"的 3 类典型设计暴雨方案在太湖流域、区域和城市防洪分析计算中得到广泛应用,但该设计暴雨空间分布在流域局部地区显然是不协同的。原则上,其余分区(即南部分区)的设计暴雨重现期均不宜超过流域以及同频分区的设计暴雨重现期,否则便不能突出北部地区的设计暴雨量,但由"典型年法"计算出的设计暴雨成果中,某些"非北部分区",如阳澄淀泖区、浦东浦西区最大 30 日设计暴雨重现期均大大超过 50 年一遇,而浙西区最大 30 日、最大 60 日设计暴雨量则远低于 50 年一遇。造成这一结果的原因是:1991 年,太湖流域浙西区实际降水较常年明显偏小,阳澄淀泖区降水则较常年显著偏大,仅采用 1991 年作为典型年计算出的设计暴雨过程仅能较好地反映出该典型年设计暴雨空间分布特征,而忽略了各分区暴雨空间分布的客观规律,这导致该方案在突出流域北部设计暴雨量的同时无形中过于强化了其他分区中局部地区(如阳澄淀泖区)的设计雨量,也过于弱化了部分分区(浙西区)的设计雨量,这在一定程度上有违该方案"重点强化北部分区设计暴雨量"的初衷,使得设计暴雨在空间分布上产生扭曲变形,产生了不协同。而设计暴雨空间分布的这种不协同,进一步在模型产汇流计算中造成流域河网入流的差异,对流域和各分区防洪除涝产生了深远的影响。

因此,鉴于整个流域和各分区设计暴雨之间存在一定的相关关系,有必要改进该暴雨空间分配方案,并采用严谨的数学方法,对改进前后的暴雨空间分配方案开展协同性评估。

### 3.3.1.2 设计暴雨与潮位组合

对地处沿海、沿江地区的流域而言,由于滨江临海的特殊位置,流域水文水动力模型在模拟计算过程中易受模型边界条件(相邻分区降水水位、外江外海高潮位等)的影响。为降低边界条件对流域设计洪水成果的影响,需充分考虑流域设计暴雨和边界设计条件之间组合的协同性。

以太湖流域为例,影响该流域设计洪水计算的边界条件一般是外江外海的潮位,若潮位过高,则会加大域内暴雨洪涝的排出难度,反之亦然。而太湖流域外江外海的高潮位和暴雨之间一般具有较强的相依关系(这主要是不同分区之间的暴雨具有强烈的相关性,而暴雨往往造成高水位)。因此,应考虑流域设计暴雨和外江高潮位之间组合的协同性。现状太湖流域在边界条件(即沿江沿海的潮位资料)的选择上均采用典型年(1999 年)实测值。这种设计方法虽然简单,但较为主观,忽视了外江、外海高潮位和域内暴雨之间存在的相依性。目前,尚未有研究针对太湖流域设计暴雨与外江潮位遭遇组合的协同性与合理性开展严密的数学论证。因此,采用典型年实测潮位资料作为边界条件与流域设计暴雨组合可能是不协同的。应对设计暴雨和潮位的协同性开展系统研究,为给出不同设计暴雨重现期下更为合理的潮位边界条件奠定理论基础。

### 3.3.2 工程布局的协同性

事实上,流域、区域和城市的防洪除涝任务本质上是存在一定矛盾的,由于城市地处区域或流域之中,城市防洪工程的排涝活动必然会在强降水期间给流域和区域带来额外的防洪除涝压力,若流域或区域防洪除涝能力不足,必然会造成流域、区域水位过高。

在太湖流域,各城市(如苏州、无锡、常州等)均建有城市防洪工程且沿江南运河而建,现状各城市(苏州、无锡、常州)向运河的排涝能力(1 047.96 m³/s)已大大超出了江南运河本身的行洪能力;现状全流域圩区排涝模数约 1.1 m³/(s·km²),而流域在沿江、沿杭州湾的总排涝能力也不能满足该排涝需求,这些短板客观上也增加了城市和区域的防洪风险。

因此,流域、区域和城市防洪工程布局协同性的内涵可概括为:流域以及区域外排河道的工程能力需满足区域和城市防洪除涝的需求,城市防洪除涝的工程能力也要尽量兼顾流域和所在区域承受洪涝的能力。

#### 3.3.2.1 流域与典型区域

在流域性强降水期间,流域洪涝水在通过骨干行洪河道向外排出时,沿线区域也会产生大量洪涝,当流域骨干行洪河道行洪能力不足以排出流域和区域洪涝水时,会使平原上的洪涝难寻出路,继而影响流域行洪,造成流域与区域行洪的不协同。以流域和武澄锡虞区、杭嘉湖区为例,论述其存在的不协同之处,如图 3.4、图 3.5 所示。

武澄锡虞区位于流域北部,东侧以望虞河为界与阳澄淀泖区相邻,区域内以白屈港为界分为澄锡虞高片和武澄锡低片。当前,太湖洪涝水通过望虞河外排与武澄锡虞区排涝是不协同的。在汛期,澄锡虞高片洪涝水北排不畅,在向望虞河排放的同时影响了望虞河的泄洪能力,如图 3.4 所示。因此,武澄锡虞区规划建设了一系列增加区域北排能力的工程(如走马塘工程等)。目前规划新建、在建的工程还包括新沟河延伸拓浚工程,白屈港综合整治工程,九里河、伯渎港综合整治工程,锡澄运河北排扩大工程,桃花港综合整治工程等。这些工程将在第 4 章的水文水动力模型中有所体现。

杭嘉湖区位于太湖流域南部,以太浦河为界与阳澄淀泖区相邻,而太浦河作为太湖洪水东泄的重要通道和杭嘉湖地区涝水北排的主要通道,长期以来存在着流域行洪和区域排涝的不协同,如图 3.5 所示。尽管近年来建成了杭嘉湖南排工程,扩大杭嘉湖南排工程(包括平湖塘拓浚延伸工程,见图 3.5)也在建设之中,然而杭嘉湖北部地势低洼,修建了大量圩区,外排洪涝较以往大为增加,这些洪涝往往进入太浦河,太浦河水位过高也影响杭嘉湖北部排涝,甚至危及低洼地区防洪除涝安全。

图 3.4　流域与武澄锡虞区防洪除涝协同性问题

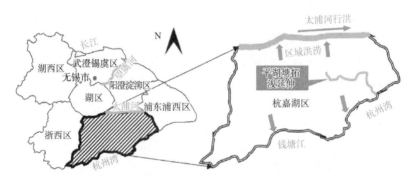

图 3.5　流域与杭嘉湖区防洪除涝协同性问题

综上所述,流域和区域之间的防洪除涝协同性问题可概括为:现有流域、区域骨干防洪工程布局不能同时满足流域和区域行洪需求,即工程能力与防洪除涝需求不相协同,应重点强化流域、区域骨干防洪除涝的工程建设。

### 3.3.2.2　流域与典型城市

在流域性强降水期间,城市防洪工程外排的洪涝水进入流域性骨干河道,在保证自身防洪除涝安全的同时,对流域造成不利影响,导致流域与城市的不协同。在太湖流域,由于苏州、无锡、常州、嘉兴4座典型城市均位于流域骨干河道——江南运河沿线,上述城市现状防洪除涝与江南运河行洪近年来存在着巨大矛盾和不协同:4座城市大包围在强降水期间的防洪除涝活动造成了江南运河水位的陡涨陡落,给沿线地区的防洪除涝也带来了巨大压力。

如无锡运东大包围在运河沿线布置了 3 个泵站,排涝能力达 195 m³/s,接近整个城市防洪工程排涝能力(415 m³/s)的一半。常州、苏州亦是如此,本节结合对 2015 年、2016 年洪水期间运河沿线常州、无锡、苏州降水—水位关系分析城市防洪除涝和流域性运河行洪的协同性问题。

图 3.6(a)(b)(c)分别为 2015 年 5—7 月运河沿线常州、无锡、苏州站的日降水—水位过程。受 6 月份 3 场集中性降水的影响,沿线 3 站水位变化过程较类似,陡涨陡落现象十分明显,产生了 3 个较明显的水位峰值,分别出现在 6 月 3 日、6 月 17 日、6 月 27 日,而降水峰值分别出现在 6 月 2 日、6 月 16 日和 6 月 26 日,水位峰值出现的时间

较降水峰值均滞后1日,属于明显陡涨陡落现象。3站水位最大单日涨幅均超过1 m甚至1.5 m,而后迅速回落。

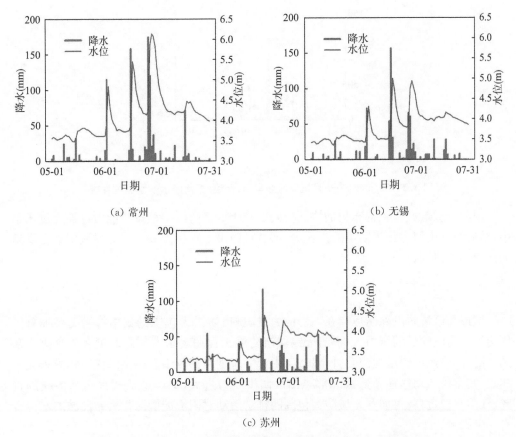

（a）常州　　　　　　　　　　　（b）无锡

（c）苏州

**图3.6　2015年5—7月运河沿线常州、无锡、苏州降水—水位过程线**

图3.7(a)(b)(c)分别给出了2016年5—7月运河沿线常州、无锡、苏州站的日降水—水位过程。由图可知,受太湖高水位及地区降水影响,2016年3站水位普遍高于2015年,且3站水位过程线在形状上较类似。由于单日降水"极值"较小,3站最大单日涨幅均控制在1 m以内,分别为0.95 m、0.82 m、0.58 m,陡涨陡落现象较2015年有所缓和,但仍十分显著。

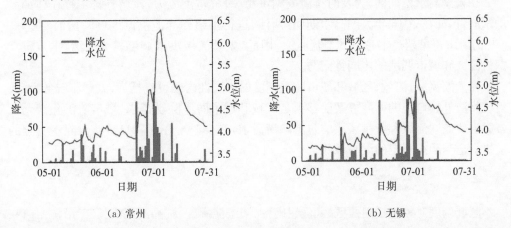

（a）常州　　　　　　　　　　　（b）无锡

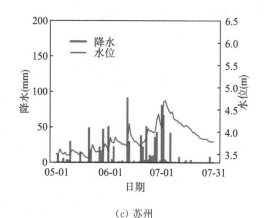

（c）苏州

**图 3.7　2016 年 5—7 月运河沿线常州、无锡、苏州降水—水位过程线**

因此，流域、城市工程布局的协同性问题在于城市防洪工程排涝能力过强且过于集中，给流域骨干河道带来防洪除涝压力，即城市防洪工程排涝能力与外界流域承受洪涝的能力不相协同。

### 3.3.2.3　典型区域与城市

城市与区域防洪除涝也存在不协同之处，城市防洪大包围的集中排涝无疑加重了周边区域防洪除涝的压力。例如，无锡城市防洪工程在运东大包围北侧有 4 个排涝泵站，外排洪涝经过锡澄运河北排至长江，由于大包围北部惠山区防洪除涝工程尚未完全建立，其排涝活动往往会造成北部惠山区防洪压力过大，甚至造成锡澄运河沿线的青旸、江阴水位过高；再如苏州城防大包围的排涝活动对阳澄淀泖区代表站湘城的水位也有一定影响。

## 3.3.3　调度方式的协同性

防洪除涝工程布局体现的是实际的工程能力，调度方式则可以决定工程能力的发挥效益，流域、区域和城市防洪除涝工程必须结合合理的调度才能将防洪除涝效益充分发挥出来。

在太湖高水位期间，为及时排泄太湖洪涝，缓解防洪压力，流域外排工程往往加大洪水泄量，如在 2016 年太湖高水期间"两河"进行了超标准泄洪调度（即"两河"在 7—8 月的泄水流量超过本身设计泄流量）。因此，太湖流域洪水调度较为灵活，本节重点探讨区域和城市调度的协同性问题。

在太湖流域，流域、区域和城市防洪调度的协同性内涵可概括为：太湖流域各沿江、沿杭州湾外排口门的调度方案能够满足区域和城市防洪除涝需求，城市防洪除涝调度方案也要兼顾流域和所在区域的防洪除涝需求，必要时可在保障自身防洪除涝安全的前提下适当承担一定的洪涝风险。

### 3.3.3.1　区域防洪除涝调度

区域调度对象包括湖西区、武澄锡虞区、阳澄淀泖区、杭嘉湖区沿长江、沿杭州湾和环湖口门、闸泵,各区域外围控制线(见 3.2.2 节中对区域防洪除涝内涵的分析)。目前,各分区沿江、沿杭州湾和环湖口门、闸泵的启闭主要依据太湖水位、区域代表站水位和沿江潮位等确定,通过这些区域控制线的合理调度可在汛期安排区域洪涝水的蓄泄。当前,洪水期各分区沿江口门引排调度控制水位设定值较高,导致沿江口门排水量不能满足区域排涝需求,增加了区域自身及流域的防洪除涝压力。

### 3.3.3.2 城市防洪除涝调度

城市调度对象是常州运北防洪大包围、无锡运东防洪大包围、苏州中心城区防洪大包围、嘉兴中心城区防洪大包围。在汛期强降水影响下,常州、无锡、苏州和嘉兴等市按照各市大包围调度方案,采用闸排、泵排等方式向包围外排出涝水。近年来,洪水期间各城市大包围将城内控制水位值设定过低,在开展洪涝调度时往往各自为政,不能兼顾其他分区和城市防洪除涝需求,导致集中排水时圩外河道水位迅速上涨,加大了流域骨干河道及圩外河道的防洪压力,造成圩外运河水位陡涨陡落,给下游城市区域带来巨大的防洪除涝压力。

总结流域、区域和城市防洪除涝协同性的内涵和问题如下:①防洪除涝标准方面,考虑从设计暴雨角度开展研究,为强化整体防洪除涝效益,流域设计暴雨在不同分区的分配应尽可能合理、协同,但当前采用的"典型年法"使设计暴雨在空间分布上极不协同,此外,流域外江潮位边界条件的设计较主观,与流域暴雨的匹配不协同,这两方面的不协同均会影响设计洪水成果。②工程布局方面,流域、区域的外排能力需满足 3 个层面的防洪除涝需求,而城市防洪除涝的工程能力也要兼顾所在区域和流域的洪涝承受能力,现状流域、区域骨干防洪工程布局不能同时满足流域和区域的防洪除涝需求,而城市防洪工程在强降水期间的防洪除涝也给外围区域带来巨大压力。③调度管理方面,区域沿江外排口门的调度方案能够满足区域和城市的防洪除涝需求,城市防洪除涝调度方案也要兼顾流域和所在区域的需求,目前区域调度控制水位的设定导致区域外排过少,不能满足区域和流域的需求,而城内调度控制水位过低,导致排涝量过多,未能兼顾其他分区和城市的防洪除涝需求。该总结简化如表 3.3 所示。

表 3.3　太湖流域、区域和城市防洪除涝协同性内涵及问题总结

| 协同性类别 | 协同性内涵 | 协同性问题 |
| --- | --- | --- |
| 防洪除涝标准 | 流域设计暴雨在各分区的空间分配应尽可能合理、协同,使得各分区防洪除涝标准相互协同 | 当前"典型年法"计算的不同分区设计暴雨空间分布极不协同 |
| | 流域设计暴雨与外江潮位组合应尽量匹配协同,避免对设计洪水计算造成影响 | 潮位边界条件的设计较主观,忽视了与流域暴雨的相依性,与流域暴雨的匹配不协同 |
| 防洪除涝工程布局 | 流域、区域骨干河道工程外排能力应满足内部城市及区域的防洪除涝需求,而城市防洪除涝工程的外排能力也应兼顾流域、区域对洪涝的承受能力 | 流域、区域外排工程的能力尚不能满足流域、区域和城市的防洪除涝需求 |

| 协同性类别 | 协同性内涵 | 协同性问题 |
|---|---|---|
| 防洪除涝调度方式 | 区域沿江口门调度应满足区域及其内部城市洪涝外排的需求 | 区域沿江口门调度控制水位设置不合理,排涝能力不足,不能满足区域及其内部城市的防洪除涝需求 |
| | 城市大包围排涝调度需兼顾其外部区域和流域,甚至其他城市的防洪排涝需求 | 城内调度控制水位设定过低,排涝过多且过于集中,未能兼顾外围分区、流域,甚至是其他城市的防洪除涝需求 |

## 3.4 防洪除涝协同性的强化对策

针对上一节中现状流域、区域和城市存在的防洪除涝协同性问题,本节主要从改进暴雨设计方法、完善防洪除涝工程布局、优化工程调度运用出发,提出强化这三者协同性的思路和策略。

### 3.4.1 改进流域暴雨设计方法

#### 3.4.1.1 改进暴雨空间分配方法

由3.3.1小节可知,太湖流域设计暴雨在各分区上的分配是不协同的,需针对这种不协同提出改进的方法,并对设计暴雨改进前后的协同性开展评估。

以太湖流域"91北部"典型设计暴雨为例,流域南部分区设计暴雨空间分布存在明显不协同(表3.2),这是因为南部分区的设计暴雨量是对1991年的实际暴雨量按比例进行缩放得到的,而1991年南部各分区的实际暴雨量本身并不均衡,不能代表这些分区多年暴雨空间分布模式,不具备较强的代表性、典型性,因此,采用1991年作为典型年缩放的设计暴雨空间分布忽略了这些分区暴雨空间分布的客观规律,使得设计暴雨在空间分布上产生扭曲变形,导致了暴雨空间分布的不协同,这种不协同在缩放之后更为严重。针对这一问题,本书提出以各分区多年平均暴雨量替代典型年实际暴雨量进行缩放(下文简称"多年平均法"),即将式(3-3)中 $X_M$ 调整为南部区第 $M$ 分区时段雨量多年平均值,这一调整的好处是可以使得各分区暴雨分布客观上更加符合本地区分布模式。对典型年法和多年平均法计算的"91北部"50年一遇设计频率时段雨量按分区进行统计,并与相应实测雨量进行直观对比分析。表3.4、表3.5分别给出了50年一遇、100年一遇情景下采用这两种方法计算出的设计暴雨成果。

表3.4 不同方法计算的"91北部"50年一遇分区暴雨设计成果对比 单位:mm

| 分区 | 时段 | | | | | | | | |
|---|---|---|---|---|---|---|---|---|---|
| | 30日 | | | 60日 | | | 90日 | | |
| | 实测 | 法1 | 法2 | 实测 | 法1 | 法2 | 实测 | 法1 | 法2 |
| 全流域 | 489.1 | 513.7 | 513.7 | 678.8 | 718.9 | 718.9 | 824.4 | 910.0 | 910.0 |
| 湖西 | 639.9 | 545.5 | 548.9 | 882.6 | 738.3 | 737.3 | 1 049.1 | 944.6 | 944.9 |

续表

| 分区 | 时段 | | | | | | | | |
|---|---|---|---|---|---|---|---|---|---|
| | 30 日 | | | 60 日 | | | 90 日 | | |
| | 实测 | 法1 | 法2 | 实测 | 法1 | 法2 | 实测 | 法1 | 法2 |
| 武澄锡虞 | 659.1 | 541.4 | 535.0 | 863.8 | 730.4 | 732.4 | 1 024.0 | 930.8 | 930.3 |
| 阳澄淀泖 | 507.9 | 480.7 | 611.5 | 655.4 | 676.7 | 777.8 | 781.4 | 842.5 | 967.7 |
| 太湖湖区 | 452.8 | 482.7 | 544.4 | 592.3 | 688.2 | 704.3 | 727.7 | 860.7 | 895.8 |
| 杭嘉湖 | 371.1 | 484.7 | 439.7 | 564.6 | 689.4 | 670.0 | 673.2 | 871.3 | 828.7 |
| 浙西 | 388.5 | 569.0 | 460.3 | 618.1 | 819.6 | 733.5 | 769.2 | 1 048.4 | 946.9 |
| 浦东浦西 | 422.1 | 465.1 | 511.4 | 527.4 | 654.9 | 690.5 | 705.8 | 815.5 | 872.8 |

注:法1为"多年平均法";法2为"典型年法";实测为1991年的实测雨量。

表 3.5  不同方法计算的"91 北部"100 年一遇分区暴雨设计成果对比  单位:mm

| 分区 | 时段 | | | | | | | | |
|---|---|---|---|---|---|---|---|---|---|
| | 30 日 | | | 60 日 | | | 90 日 | | |
| | 实测 | 法1 | 法2 | 实测 | 法1 | 法2 | 实测 | 法1 | 法2 |
| 全流域 | 489.1 | 560.3 | 560.3 | 678.8 | 777.9 | 777.9 | 824.4 | 979.5 | 979.5 |
| 湖西 | 639.9 | 597.9 | 601.6 | 882.6 | 801.0 | 799.9 | 1 049.1 | 1 022.1 | 1 022.4 |
| 武澄锡虞 | 659.1 | 593.4 | 586.4 | 863.8 | 792.5 | 794.6 | 1 024.0 | 1 007.2 | 1 006.6 |
| 阳澄淀泖 | 507.9 | 523.0 | 665.4 | 655.4 | 731.3 | 840.5 | 781.4 | 904.6 | 1 039.0 |
| 太湖湖区 | 452.8 | 525.2 | 592.3 | 592.3 | 743.8 | 761.2 | 727.7 | 924.1 | 961.8 |
| 杭嘉湖 | 371.1 | 527.4 | 478.5 | 564.6 | 745.0 | 724.1 | 673.2 | 935.5 | 889.8 |
| 浙西 | 388.5 | 619.1 | 500.9 | 618.1 | 885.8 | 792.7 | 769.2 | 1 125.7 | 1 016.7 |
| 浦东浦西 | 422.1 | 506.0 | 556.5 | 527.4 | 707.7 | 746.3 | 705.8 | 875.6 | 937.1 |

注:法1为"多年平均法";法2为"典型年法";实测为1991年的实测雨量。

由表 3.4、表 3.5 可知,在 1991 年实测暴雨空间分布中,浙西区最大 30 日雨量仅为 388.5 mm,远低于阳澄淀泖区的 507.9 mm。由"典型年法"和"多年平均法"计算的浙西区最大 30 日设计暴雨重现期分别为 7 年、28 年,最大 60 日设计暴雨重现期分别为 15 年、31 年;而由"典型年法"和"多年平均法"计算的阳澄淀泖区最大 30 日设计暴雨重现期分别为 96 年、18 年,最大 60 日设计暴雨重现期分别为 63 年、23 年。

从直观上看,调整后的暴雨设计方案(即"多年平均法")更为合理,因为不同分区设计暴雨量对应重现期更为接近。但依靠计算各分区设计暴雨量重现期对设计暴雨空间分布协同性进行评价是不可行的,原因如下。

第一,不同分区暴雨量之间并不是相互独立的,而是具有一定的相关性。例如,东部阳澄淀泖区和浦东浦西区年最大 30 日暴雨的相关系数达到 0.7 以上,北部湖西区和武澄锡虞区最大 30 日设计暴雨相关系数也达到 0.7,最大 90 日暴雨相关性甚至更大。

第二,设计暴雨不同于实际意义上的暴雨,作为一个虚构的暴雨,在设计过程中需遵从一定的规则,如在太湖流域,设计暴雨的总暴雨量是固定的,也就是说,各个不同的分区实际上是将一个总的暴雨量进行分配,一个分区设计暴雨量的增加就意味着其他分区设计暴雨量的减少。

第三,以"91北部"最大30日暴雨为例,按照该设计暴雨的规定,流域总暴雨量以及流域北部分区的暴雨量是一个固定值,均为50年一遇或100年一遇,这就已经构成了评价其他南部分区暴雨协同性的两个前置条件,忽略这两个前置条件直接对南部分区设计暴雨量进行评价则是无视流域总暴雨量以及北部暴雨量对南部分区的影响。

基于这3个原因,直接采用计算重现期的方法评价设计暴雨空间分布的协同性是不合理的,需有其他定量可行的标准对暴雨空间分布的协同性进行衡量,这一衡量标准不仅能考虑各分区之间设计暴雨量的相关性,又能考虑流域总设计雨量、北部设计雨量这两个"前置条件"的影响。

当前,Copula函数因其计算过程可逆、推求结果相对可靠、灵活性和适应性较强等优势,在极端水文事件研究,如极端暴雨[136,139]、极端洪水[140,143]、水文干旱[144-145]等领域应用较多。研究多集中于采用Copula函数探讨分析极端水文事件中某些要素之间的联合分布特征,尚没有将其引入设计暴雨空间分布协同性评价的先例。由Copula函数构建的联合分布能够充分考虑各变量的相关性特征,且其具备的条件概率计算也能够将流域总设计雨量、北部设计雨量这两个"前置条件"的影响考虑在内,因此可以对设计暴雨空间分布协同性进行评价研究。

以"91北部"最大30日暴雨为例,在第4章中,将采用三维Copula函数,构建流域、流域北部以及其他南部分区极值暴雨组合的联合分布,计算当全流域、北部分区同时发生某一极值暴雨条件下其余分区遭遇相应极值暴雨的条件概率,分别评价改进前的"典型年法"以及改进后的"多年平均法"中其他分区极值暴雨设计值的协同性,为改进流域防洪规划中设计暴雨空间分布的协同性提供依据。

### 3.4.1.2 改善暴雨和潮位匹配性

由上节分析可知,流域水文水动力模型在模拟计算过程中易受模型边界条件(相邻分区降水水位、外江外海高潮位等)的影响。为降低边界条件对流域设计洪水成果的影响,需充分考虑流域设计暴雨和边界设计条件之间组合的协同性。

太湖流域外江、外海高潮位和域内暴雨之间往往存在一定的相依性,但太湖流域水文水动力模型中的潮位边界均采用典型年实测值,尚未有研究针对太湖流域设计暴雨与外江潮位遭遇组合的协同性与合理性开展严密的数学论证。目前,Copula函数在降雨与高潮位遭遇领域具有广泛应用,利用其构建的降水、潮位联合二维分布能够用于评价外江潮位和流域降水组合的协同性。因此,在第4章中,采用流域不同历时暴雨与沿江、沿海、沿杭州湾遭遇高潮位分别构建二维Copula联合分布,计算不同历时暴雨最大可能遭遇的潮位区间,并与现状潮位进行比较,以此为依据评估流域暴雨与外江高潮位组合的协同性。

### 3.4.2 完善防洪除涝工程布局

流域、区域和城市的防洪除涝任务本质上是存在一定矛盾的,现状由于流域或区域洪水出路不足,加之城市防洪工程的无序排涝,在强降水期间造成流域、区域水位过高,防洪除涝压力过大,因此本书在完善防洪除涝工程布局上主要考虑流域和区域这两个层面。

#### 3.4.2.1 流域防洪除涝工程

现状流域面临骨干河道外排能力不足的问题。望虞河、太浦河作为流域主要泄洪通道,其泄洪断面均按照 1954 年型洪水标准设计(5—7 月分别承泄太湖洪水 23.1 亿 m³ 和 22.5 亿 m³),但太湖流域在 20 世纪 90 年代之后发生了对流域防洪更为不利的 1991 年、1999 年、2016 年洪水,加之两岸排涝需求不断增加,流域骨干河道行洪能力往往难以达到调度指令的要求,流域洪水外排十分困难。为增加流域防洪除涝能力,强化流域、区域防洪除涝协同性,目前已经规划的望虞河后续、太浦河后续、吴淞江行洪工程均是在流域层面重新规划流域骨干行洪通道,以满足新的流域防洪除涝需求。

#### 3.4.2.2 区域防洪除涝工程

与流域类似,区域也面临着骨干河道外排能力不足的问题。太湖流域包含多个水利分区,各个分区内均建有区域性防洪除涝工程。近年来,在流域洪水期间,区域性防洪工程暴露出洪涝外排能力不足导致区域水位过高等问题,给其他区域和流域带来了洪涝压力。因此,为强化区域防洪除涝的工程能力,应考虑新建、拓浚区域性骨干河道。

综上所述,为在工程布局层面强化流域、区域防洪除涝协同性,对流域骨干工程而言,应尽可能在建设成本允许范围内扩大工程规模,增强其外排能力;对于区域骨干河道工程而言,应着重考虑加大区域向流域外界(如长江、杭州湾等)的排涝工程布局及规模。

### 3.4.3 优化防洪除涝工程调度

太湖流域性工程调度遵循《太湖流域洪水与水量调度方案》《太湖超标准洪水应急处理预案》,这些调度方案已经较为成熟和灵活,在发生特大洪水的情况下能够做到有效统筹和协同[146]。本书有关调度运用的优化对象主要是区域性工程和城市防洪工程。

针对区域、城市存在的调度方式协同性问题,本书主要考虑以下两条调度方式优化思路:①通过适度降低各典型分区沿江口门的控制水位,扩大区域外排水量,降低区域高水位,缓解区域内部城市以及流域整体的防洪除涝压力;②通过适当抬升典型城市防洪工程内部控制水位,发挥城市包围内部水量的调蓄能力,在确保城市防洪除涝安全的前提下适度分担洪涝风险,减少城市外部河道洪涝压力,强化城市、区域和流域防洪除涝协同性。

图 3.8 进一步总结了防洪除涝协同性问题及强化的思路和对策。

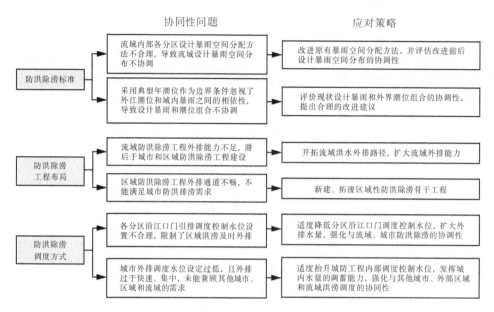

图 3.8　防洪除涝协同性问题及强化思路和对策

## 3.5　小结

针对太湖流域,剖析了流域、区域和城市 3 个层次的防洪除涝要点和主要任务,然后从防洪除涝标准、工程布局和调度方式 3 个角度论述了防洪除涝的协同性,阐述了防洪除涝协同性存在的主要问题,最后针对这些问题提出了强化防洪除涝协同性的思路对策,主要研究内容和结论如下。

(1) 流域、区域和城市防洪除涝重点具有明显差异但又相互影响。对于太湖流域而言,流域防洪除依靠堤防防御沿长江、沿杭州湾和沿海洪潮外,更主要的是通过望虞河、太浦河等流域性骨干河道将流域上游和太湖洪水外排至长江和杭州湾,然而流域性骨干河道也会承泄部分区域或城市洪涝;区域防洪除涝在依靠区域防洪控制线抵御外部洪水的同时,通过区域性河道将区域(包括区域内城市)产生的涝水排出区域界外;城市防洪除涝则是通过城市外围河道堤防、闸门抵御流域或区域洪水,同时通过泵站等设施及时排泄城市内部雨涝。

(2) 本书从防洪除涝标准、工程布局和调度方式 3 个角度阐述了防洪除涝协同性的内涵,剖析了太湖流域防洪除涝协同性存在的主要问题。在防洪除涝标准协同性方面,流域设计暴雨在各分区的空间分配和组合不协同,同时采用典型年实测潮位作为外边界条件忽视了沿江沿海潮位和域内暴雨之间的相依性,导致流域设计暴雨和行洪排涝的外部边界条件组合不协同。工程布局方面,现状流域、区域洪涝外排通道不畅、外排能力不足,明显滞后于城市防洪除涝工程建设。调度管理方面,各分区沿江口门引排调度控制水位设置不合理,限制了流域、区域洪涝及时外排,同时城市防洪包围圈内部控制水位值设定过低,且缺乏协同调度,城市集中排水易超过分区和流域性河道的承受能力。

（3）针对太湖流域防洪除涝协同性存在的问题，提出了强化防洪除涝协同性的技术策略。流域设计暴雨方面，考虑不同分区雨量分布的遭遇特征以及流域雨量与沿海沿江潮位的遭遇特征，基于联合概率分布函数，确定更加合理的分区雨量空间组合和流域雨量与潮位组合。工程布局方面，在合理管控城市防洪工程建设的同时，加快流域性、区域性骨干工程的建设，拓宽流域和区域的洪涝出路、理顺外排路径、提升外排能力。调度管理方面，重点优化各分区沿江口门和城市防洪工程的调度运用规则，强化联合调度。

第**4**章

# 太湖流域设计暴雨协同性研究

## 4.1　概述

一个较大的流域依据地形、水系和行政区划等因素往往可进一步划分为若干分区，各分区一般根据各自的防洪除涝需求以及工程建设的技术条件和经济成本，确定各自的防洪除涝标准及相应的工程治理措施。但流域内各分区防洪除涝标准的制定并不是完全独立的，而且也并非越高越好，而是要尽可能地与其他各分区相互协调，还要考虑流域整体防洪除涝标准，这实际上也体现了风险共担的原则。在平原河网地区，受人类活动影响和地形条件影响，河网水流方向往复不定，故设计洪水常依据设计暴雨资料推求。因此，对平原河网流域不同分区防洪除涝标准的协同性评估可从设计暴雨角度开展。此外，流域边界设定条件（如潮位等）亦对防洪除涝的实际能力具有影响，故其与设计暴雨之间的协同性亦有待严谨的分析评估。

第3章论述了流域、区域和城市防洪除涝协同性存在的问题，并提出了相应的强化策略。本章在第3章的基础上，针对太湖流域设计暴雨的协同性问题开展研究，包括两个方面的具体内容：一是流域设计暴雨空间分布的协同性，二是设计暴雨和沿江沿海潮位组合的协同性。由于这两个方面的问题涉及流域内不同分区雨量遭遇规律或流域雨量与潮位的遭遇规律的分析，故主要采用Copula函数构建联合概率分布的途径开展研究。

## 4.2　研究思路和方法

### 4.2.1　研究思路

#### 4.2.1.1　设计暴雨空间分布协同性

研究提取了太湖流域全流域、各分区、南北部、上下游的历年长历时极值暴雨量（共计12个系列），即年内最大连续30日、60日、90日降水量。采用三维Archimedean Copula联合分布，论证"典型年法"和"多年平均法"计算出的3类典型设计暴雨成果空间分布的协同性。以"91北部"50年一遇最大30日设计暴雨成果为例，如图4.1(a)所示，构建全流域、流域北部（湖西区+武澄锡虞区）、其余各分区（即C、D、E、F、G分区）最大30日设计暴雨的三维联合分布，采用联合条件概率计算了当全流域、流域北部同时发生某一暴雨量的条件下，流域其他分区（即C、D、E、F、G分区）发生相应暴雨量的条件概率，通过比较计算得出C、D、E、F、G分区发生相应暴雨量的概率值，判断这些分区的设计暴雨量是否协同。这种论证方法确保了将各分区设计暴雨之间的相关关系以及全流域、流域北部设计暴雨量这两个"前置条件"考虑在内，同时也能契合设计暴雨遵循暴雨总量为固定值这一规则。

同理若以"91上游"50年一遇最大30日设计暴雨成果为例，如图4.1(b)所示，则是构建全流域、流域上游（湖西区+浙西区+湖区）、其余各分区（即B、C、D、F分区）最大30日设计暴雨的三维联合分布，采用联合条件概率计算了当全流域、流域上游同时发生某一暴雨量的条件下，流域其他分区（即B、C、D、F分区）发生相应暴雨量的条件概率,通过比较计算得出 B、C、D、F 分区发生相应暴雨量的概率值,判断这些分区的设计暴雨量是否协同。

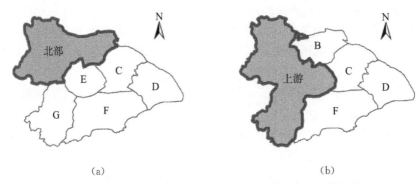

（a）　　　　　　　　　　　　　（b）

**图 4.1　"91 北部""91 上游"设计暴雨空间分布协同性示意图**

### 4.2.1.2　设计暴雨与潮位组合协同性

采用二维 Archimedean Copula 函数,建立流域设计暴雨和沿江潮位的二维联合分布。以重现期为 10 年、20 年、50 年和 100 年一遇的流域不同历时设计极值暴雨为条件,基于所建立的联合分布,计算外江(外海)高潮位落在不同潮位区间的条件概率,根据计算结果论证现有《太湖流域防洪规划》中流域设计暴雨和边界潮位的协同性。具体计算方案见表 4.1。

**表 4.1　设计暴雨和边界潮位协同性分析方案**

| 极值暴雨重现期 $(R_p)$ | 极值暴雨历时尺度 | 江阴、吴淞口、盐官对应最高潮位$(Z)$ | 分析方法 |
|---|---|---|---|
| 10 年一遇 | 最大 1 日$(R_{1d})$ | $Z_{1d}$ | 根据实测资料,将外江外海潮位划分为若干区间,分别计算在流域发生一定重现期极值暴雨时,外江高潮位落在所划定潮位区间内的条件概率 |
| | 最大 3 日$(R_{3d})$ | $Z_{3d}$ | |
| | 最大 5 日$(R_{5d})$ | $Z_{5d}$ | |
| | 最大 7 日$(R_{7d})$ | $Z_{7d}$ | |
| 20 年一遇 | 最大 1 日$(R_{1d})$ | $Z_{1d}$ | |
| | 最大 3 日$(R_{3d})$ | $Z_{3d}$ | |
| | 最大 5 日$(R_{5d})$ | $Z_{5d}$ | |
| | 最大 7 日$(R_{7d})$ | $Z_{7d}$ | |
| 50 年一遇 | 最大 1 日$(R_{1d})$ | $Z_{1d}$ | |
| | 最大 3 日$(R_{3d})$ | $Z_{3d}$ | |
| | 最大 5 日$(R_{5d})$ | $Z_{5d}$ | |
| | 最大 7 日$(R_{7d})$ | $Z_{7d}$ | |
| 100 年一遇 | 最大 1 日$(R_{1d})$ | $Z_{1d}$ | |
| | 最大 3 日$(R_{3d})$ | $Z_{3d}$ | |
| | 最大 5 日$(R_{5d})$ | $Z_{5d}$ | |
| | 最大 7 日$(R_{7d})$ | $Z_{7d}$ | |

### 4.2.2 研究方法

目前,水文中常见的 Copula 函数为椭圆 Copula 函数族、Archimedean Copula 函数族。本研究仅以 Archimedean Copula 函数族作为选择对象,它是一类重要的 Copula 函数,求解简便,适应性强,被广泛应用于水文领域。本节介绍了二维、三维 Copula 函数及其相关的边缘分布、联合分布、条件概率。

#### 4.2.2.1 边缘分布

边缘分布的建立主要包括确定研究对象、选择分布函数、进行参数估计,在假设检验的基础上,确定研究对象的合理线型。通常,对于某一随机变量而言,在有限的样本范围内,最适宜的分布函数难以唯一确定,通常需要选择多种可能的分布线型,通过比较获得相对合理的分布线型。为此,本研究选择在水文研究中常用的 5 种分布类型作为备选分布,各分布密度函数如下。

(1) 正态分布(Normal distribution)

密度函数为:

$$f(x) = \frac{1}{\sigma\sqrt{2\pi}} e^{\frac{(x-a)^2}{2\sigma^2}}, \ -\infty < x < \infty \tag{4-1}$$

式中,$\sigma$ 为均方差;$a$ 为均值。

(2) 对数正态分布(Lognormal distribution)

密度函数为:

$$f(x) = \frac{1}{x\sigma_y\sqrt{2\pi}} e^{-\frac{(\ln x - a_y)^2}{2\sigma_y^2}}, \ x > 0 \tag{4-2}$$

式中,$\sigma_y$,$a_y$ 分别为系列 $x$ 经过对数变换后的新系列的均值和均方差(即经过 $y = \ln x$ 变换后新系列的均值和均方差)。

(3) 伽马分布(Gamma distribution)

密度函数为:

$$f(x) = \frac{1}{b^a\Gamma(\alpha)} x^{\alpha-1} e^{-\frac{x}{b}}, \ x \geqslant b \tag{4-3}$$

式中,$\Gamma(\alpha)$ 为 $\alpha$ 的伽马函数;$\alpha$ 和 $b$ 为待定参数。

(4) 逻辑斯蒂克分布(Logistic distribution)

密度函数为:

$$f(x) = m \times Logis(B, x+t) / [n + Logis(B, x+t)] \tag{4-4}$$

(5) 威布尔分布(Weibull distribution)

密度函数为:

$$f(x) = ba^{-b}x^{b-1}e^{-\left(\frac{x}{a}\right)^b} \tag{4-5}$$

式中，$a$ 和 $b$ 为待定参数。

采用极大似然估计方法估计各分布的参数，其基本原理在于通过求解 $k$ 个联立方程组，得到相应参数，这里 $k$ 为 2：

$$\frac{\partial \ln L(\boldsymbol{x}; u_1, \cdots, u_k)}{\partial u_j}, j = 1, \cdots, k \tag{4-6}$$

式中，$L(\boldsymbol{x}; u_1, \cdots, u_k) = \prod\limits_{i=1}^{n} f(x_i; u_1, \cdots, u_k)$，$f(x_i; u_1, \cdots, u_k)$ 为参数 $u_1, \cdots, u_k$ 的概率密度函数，$k$ 为待估参数的数目，$x_i$ 为第 $i$ 个样本。

采用 Kolmogorov-Smirnov 检验方法，对各种分布形式进行假设检验。基本原理如下：

$$D_n = \max_{-\infty < x < \infty} |F(x) - S_n(x)| \tag{4-7}$$

式中，$F(x)$ 为小于等于 $x$ 的经验累积概率；$S_n(x)$ 为理论累积分布在 $x$ 处的估计值。若 $D_n < D_\alpha$，则接受假设；否则拒绝假设，其中 $D_\alpha$ 为置信度为 $1 - \alpha$ 的双边假设临界值，本研究中取 $\alpha = 0.05$。

#### 4.2.2.2 联合分布

（1）二维 Copula 联合分布

常用的 3 类二维 Archimedean Copula 函数的联合分布模式以及参数 $\theta$ 和 Kendall 秩相关系数 $\tau$ 的关系表达式见表 4.2。

表 4.2 二维 Archimedean Copula 函数参数 $\theta$ 和 $\tau$ 的关系

| Copula 函数 | 联合分布模式 | $\tau$ 与 $\theta$ 的关系 |
|---|---|---|
| Clayton Copula | $F(p, z) = C(u, v) = (u^{-\theta} + v^{-\theta} - 1)^{-1/\theta}$ | $\tau = \dfrac{\theta}{2 + \theta}, \theta \in (0, \infty)$ |
| Gumbel Copula | $F(p, z) = C(u, v) = \exp\{-[(-\ln u)^\theta + (-\ln v)^\theta]^{1/\theta}\}$ | $\tau = 1 - \dfrac{1}{\theta}, \theta \in (1, \infty)$ |
| Frank Copula | $F(p, z) = C(u, v) = -\dfrac{1}{\theta}\ln\left[1 + \dfrac{(e^{-\theta u} - 1)(e^{-\theta v} - 1)}{(e^{-\theta} - 1)}\right]$ | $\tau = 1 + \dfrac{4}{\theta}\left[\dfrac{1}{\theta}\int_0^\theta \dfrac{t}{e^t - 1}dt - 1\right]$, $\theta \in R$ |

（2）三维 Copula 联合分布

常见 3 类三维 Archimedean Copula 函数（即 Clayton Copula、Gumbel Copula 和 Frank Copula）的分布模式见表 4.3。

表 4.3 3 类常见三维 Archimedean Copula 函数联合分布模式

| Copula 函数类型 | 累积概率分布 |
|---|---|
| Clayton Copula | $F(p, z, r) = C(u_1, u_2, u_3) = (u_1^{-\theta} + u_2^{-\theta} + u_3^{-\theta} - 2)^{-1/\theta}$ |

| Copula 函数类型 | 累积概率分布 |
|---|---|
| Gumbel Copula | $F(p,z,r) = C(u_1,u_2,u_3) = \exp\{-[(-\ln u_1)^{\theta} + (-\ln u_2)^{\theta} + (-\ln u_3)^{\theta}]^{1/\theta}\}$ |
| Frank Copula | $F(p,z,r) = C(u_1,u_2,u_3) = -\dfrac{1}{\theta}\ln\left[1 + \dfrac{(e^{-\theta u_1}-1)(e^{-\theta u_2}-1)(e^{-\theta u_3}-1)}{(e^{-\theta}-1)^2}\right]$ |

#### 4.2.2.3 分布优选

通常,在有限样本的条件下,可能不止一种线型通过假设检验,因此,这就存在分布线型优选的问题。本次研究在具体选择时,采用 AIC(Akaike Information Criterion)指标、BIC(Bayesian Information Criterion)指标进行优选,两类准则都是评估统计模型的复杂度和衡量统计模型"拟合"资料之优良性的一种标准,这两类准则都需要基于计算最大似然估计来对不同拟合分布类型的情况进行评估。AIC 值和 BIC 值计算如下。

AIC 准则如下:

$$AIC = 2k - 2\ln(L) \tag{4-8}$$

式中,$k$ 为参数的数量;$L$ 为似然函数。

BIC 准则如下:

$$BIC = \ln(n) \cdot k - 2\ln(L) \tag{4-9}$$

式中,$n$ 为样本总量;$k$ 为参数的数量;$L$ 为似然函数。

#### 4.2.2.4 条件概率

(1) 二维概率

当计算流域暴雨遭遇一定区间内的高潮位的概率时可采用二维概率。此处以设计暴雨 $R_p$ 遭遇外江、外海高潮区间$(Z_1,Z_2)$的条件概率为雨潮组合概率,公式如下:

$$P(R \geqslant R_P, Z_1 \leqslant Z \leqslant Z_2) = F(Z_2) - F(R_P, Z_2) - F(Z_1) + F(R_P, Z_1) \tag{4-10}$$

式中,$R$、$Z$ 分别为降水量(mm)、潮位(m);$F(Z_1)$、$F(Z_2)$分别为潮位 $Z_1$、$Z_2$ 对应的边缘分布函数;$F(R_p,Z_1)$、$F(R_p,Z_2)$分别为暴雨 $R_p$ 和潮位 $Z_1$、$Z_2$ 的联合分布概率。

(2) 三维经验概率

为检验三维 Copula 在设计暴雨频率拟合中的精度情况,需将经验概率、理论概率进行比较。其中,实测$(p_i,q_j,z_k)$经验概率计算公式如下:

$$F_{emp}(p_i,q_j,z_k) = P(P \leqslant p_i, Q \leqslant q_j, Z \leqslant z_k,) = \frac{n_{ijk}}{N+1} \tag{4-11}$$

式中,$N$ 为实测值的总对数;$n_{ijk}$ 为实测值对同时小于或等于$(p_i,q_j,z_k)$的频次。

（3）三维条件概率

应用二维条件分布推导，可得三维条件分布。根据本次计算需要，$X_2 = x_2$，$X_3 = x_3$ 的条件下，$X_1 \leqslant x_1$ 的条件概率可以采用下式计算：

$$P(X_1 \leqslant x_1 \mid X_2 = x_2, X_3 = x_3) = \frac{\dfrac{\partial^2}{\partial x_2 \partial x_3} F(x_1, x_2, x_3)}{f_{x_2 x_3}(x_2, x_3)} = C(u \mid V = v, W = w)$$

$$= \left. \frac{\dfrac{\partial^2}{\partial u \partial v} C(u, v, w)}{\dfrac{\partial^2}{\partial u \partial v} C(u, v)} \right|_{V=v, W=w}$$

$$(4-12)$$

式（4-12）～式（4-15）推导了在采用 Clayton Copula 函数时 $U_1 = u_1$，$U_2 = u_2$，$U_3 \leqslant u_3$ 的条件概率，限于篇幅，三维 Frank Copula 和 Gumbel Copula 函数条件概率的推导过程略去。

首先，三维 Clayton Copula 的联合分布如式（4-13）所示。

$$C_3(u_1, u_2, u_3) = C(u_1, u_2, u_3, 1, \cdots, 1) = (u_1^{-\theta} + u_2^{-\theta} + u_3^{-\theta} - 2)^{-\frac{1}{\theta}} \quad (4-13)$$

针对 $C_3$，对 $u_1$、$u_2$ 进行求偏导数，可得：

$$\frac{\partial^2 C_3(u_1, u_2, u_3)}{\partial u_1 \partial u_2} = \frac{\partial}{\partial u_2} \left[ \frac{\partial}{\partial u_1} (u_1^{-\theta} + u_2^{-\theta} + u_3^{-\theta} - 2)^{-\frac{1}{\theta}} \right]$$

$$= \frac{\partial}{\partial u_2} \left[ u_1^{-\theta-1} (u_1^{-\theta} + u_2^{-\theta} + u_3^{-\theta} - 2)^{-\frac{1}{\theta}-1} \right] \quad (4-14)$$

$$= u_1^{-\theta-1} u_2^{-\theta-1} (1+\theta) (u_1^{-\theta} + u_2^{-\theta} + u_3^{-\theta} - 2)^{-\frac{1}{\theta}-2}$$

针对 $C_2$，对 $u_1$、$u_2$ 进行求偏导数，可得：

$$\frac{\partial^2 C_2(u_1, u_2)}{\partial u_1 \partial u_2} = \frac{\partial}{\partial u_2} \left[ \frac{\partial}{\partial u_1} (u_1^{-\theta}, u_2^{-\theta} - 1)^{-\frac{1}{\theta}} \right]$$

$$= \frac{\partial}{\partial u_2} \left[ u_1^{-\theta-1} (u_1^{-\theta} + u_2^{-\theta} - 1)^{-\frac{1}{\theta}-1} \right] \quad (4-15)$$

$$= u_1^{-\theta-1} u_2^{-\theta-1} (1+\theta) (u_1^{-\theta} + u_2^{-\theta} - 1)^{-\frac{1}{\theta}-2}$$

根据式（4-12），Clayton Copula 条件概率公式 $C_3(u_3 \mid u_1, u_2)$ 可采用下式进行计算：

$$C_3(u_3 \mid u_1, u_2) = \frac{\partial^2 C_3(u_1, u_2, u_3)}{\partial u_1 \partial u_2} \bigg/ \frac{\partial^2 C_2(u_1, u_2)}{\partial u_1 \partial u_2}$$

$$= \frac{u_1^{-\theta-1} u_2^{-\theta-1} (1+\theta) (u_1^{-\theta} + u_2^{-\theta} + u_3^{-\theta} - 2)^{-\frac{1}{\theta}-2}}{u_1^{-\theta-1} u_2^{-\theta-1} (1+\theta) (u_1^{-\theta} + u_2^{-\theta} - 1)^{-\frac{1}{\theta}-2}} \quad (4-16)$$

$$= \frac{(u_1^{-\theta} + u_2^{-\theta} + u_3^{-\theta} - 2)^{-\frac{1}{\theta}-2}}{(u_1^{-\theta} + u_2^{-\theta} - 1)^{-\frac{1}{\theta}-2}} = \left( \frac{u_1^{-\theta} + u_2^{-\theta} + u_3^{-\theta} - 2}{u_1^{-\theta} + u_2^{-\theta} - 1} \right)^{-\frac{1}{\theta}-2}$$

### 4.2.3　研究数据

#### 4.2.3.1　降水数据

根据研究任务,收集了太湖流域以及各水利分区代表性站点(图 4.2)1951—2015 年的逐日降水数据,其中 1965—2015 年序列长的有 90 个站点以上,相关资料的整理经过了质量控制,包括"三性"审查,保证了数据资料的协同性。采用算术平均法,计算得到 1951—2015 年全流域、7 大水利分区以及流域北部、南部、上游、下游共计 12 个系列的日降水量系列。根据防洪规划的论证对象,进一步提取了这 12 个系列的年内最大连续 30 日、60 日、90 日降水量,用于 Copula 联合分布模型协同性论证分析。

**图 4.2　太湖流域代表性雨量站点分布示意图**

#### 4.2.3.2　潮位数据

太湖流域在边界沿江沿海区域分布着一定数量的潮位站,其潮位资料于 20 世纪 50 年代至 60 年代开始收集。结合掌握的资料系列,在沿长江、沿东海、沿杭州湾各选取了 1 个典型潮位站,分别为江阴、吴淞口、盐官,各潮位站在太湖流域位置如图 4.3 所示,对应降水为流域不同历时设计暴雨,具体研究数据系列如下。

(1)潮位资料

①江阴站:沿长江代表站。该站位于太湖流域北部沿长江处。搜集、整理资料系列包括 1956—2013 年日高潮位(其中 1970—1971 年、1988 年资料整年缺测),共计 55 年。

②吴淞口站:沿东海代表站。该站位于太湖流域东部出海口附近,搜集、整理资料系列包括 1956—2013 年日高潮位(其中 1992—1994 年整段缺测),共计 55 年。

③盐官站:沿杭州湾代表站。该站位于太湖流域南部沿杭州湾地区,搜集、整理资料系列包括 1956—2013 年日高潮位(其中 20 世纪 60 年代有 5 年缺测十分严重,故删去),共计 53 年。

（2）雨潮组合

太湖流域整编降水资料为 1951—2015 年流域日降水量,共计 65 年,雨潮组合资料根据流域降水资料和潮位资料综合确定,取各系列组合交集,如下:

①流域日降水—江阴站日高潮位:1956—1969 年、1971—1987 年、1989—2013 年日系列,共计 56 年。

②流域日降水—吴淞口站日高潮位:1956—1991 年、1995—2013 年日系列,共计 55 年。

③流域日降水—盐官站日高潮位:1956—2013 年(除去 20 世纪 60 年代缺测的 5 年),共计 53 年。

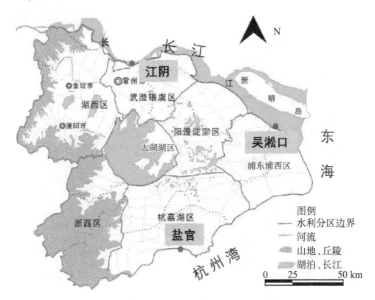

**图 4.3 太湖流域沿江、沿杭州湾代表性潮位站点分布**

## 4.3 设计暴雨空间分布协同性研究

根据第 3 章的分析,《太湖流域防洪规划》设计暴雨雨量空间分布采用"典型年法"计算,即根据各分区典型年(如 1991 年和 1999 年)最大时段雨量比例对典型设计暴雨同频区域或相应区域内的分区雨量进行分配。这样的结果导致了在非同频区域设计暴雨空间分布的不协同。随后本书在第 3 章提出了"多年平均法",即采用各分区最大时段雨量多年均值比例对典型设计暴雨同频区域或相应区域内的分区雨量进行分配。本节从流域以及各分区设计暴雨联合分布的角度出发,采用 Copula 三维联合分布及其条件概率模型,分别对"典型年法"(流域防洪规划采用)和"多年平均法"暴雨空间分布的协同性开展论证研究。

### 4.3.1 联合分布构建与优选

为和流域防洪规划采用的分布类型保持统一,在收集整理 1951—2015 年全流域、流域北部、流域南部、流域上游、流域下游以及各分区最大 30 日、最大 60 日、最大 90 日降雨系列资料的基础上,统一采用 PIII 型分布作为上述系列组合的边缘分布类型,作为构建联合分布的基础。

在建立边缘分布的基础之上,开展三维联合分布构建。流域防洪规划包含了 3 类典型设计暴雨,分别为"91 北部""91 上游""99 南部"。对"91 北部"方案来说,三维联合分布建立对象为全流域—流域北部—相应分区,其中相应分区包括了除流域北部以外的各分区(即阳澄淀泖区、太湖湖区、浦东浦西区、杭嘉湖区、浙西区、流域南部,共计 6 个),构建的极值暴雨历时包含 3 类(最大 30 日、最大 60 日和最大 90 日),采用的 Copula 备用函数包括 Frank Copula、Gumbel Copula 和 Clayton Copula,因此构建的联合分布数量为 6×3×3=54。对于"91 上游"方案,三维联合分布建立对象为全流域—流域上游—相应分区,其中相应分区包括除流域上游以外的各分区(即武澄锡虞区、阳澄淀泖区、浦东浦西区、杭嘉湖区、流域下游,共计 5 个),相应的联合分布数量为 5×3×3=45。对于"99 南部"方案,三维联合分布建立对象为全流域—流域南部—相应分区,其中相应分区包括除流域南部以外的各分区(湖西区、武澄锡虞区、流域北部,共计 3 个),相应的联合分布数量为 3×3×3=27。联合分布类型的优选均采用经验频率-理论频率离差平方和最小准则(OLS)法、AIC 信息准则法。

### 4.3.1.1 "91 北部"方案

构建了全流域—流域北部—相应分区最大 30 日、最大 60 日和最大 90 日设计暴雨三维联合分布,分别采用三维 Frank Copula、Clayton Copula、Gumbel Copula 的累积概率公式计算了全流域—流域北部—相应分区组合历年最大 30 日、最大 60 日、最大 90 日极值暴雨理论概率,采用公式(4-11)计算了相应组合的经验频率。图 4.4、图 4.5 分别给出了 3 类 Copula 函数计算的全流域—流域北部—相应分区最大 30 日、最大 60 日、最大 90 日降水经验概率和理论概率系列的 OLS 值和 AIC 值。

由图可知,3 类 Copula 函数对全流域—流域北部—相应分区最大 30 日、最大 60 日、最大 90 日设计暴雨系列联合分布的拟合效果较接近,但 Clayton Copula 拟合效果最佳,因此采用 Clayton Copula 拟合全流域—流域北部—相应分区最大 30 日设计暴雨联合分布。

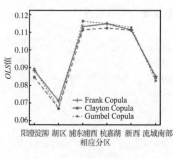

(a) 最大 30 日

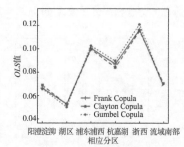

(b) 最大 60 日

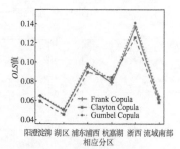

(c) 最大 90 日

**图 4.4　各 Copula 函数对全流域—流域北部—相应分区极值暴雨拟合 OLS 值**

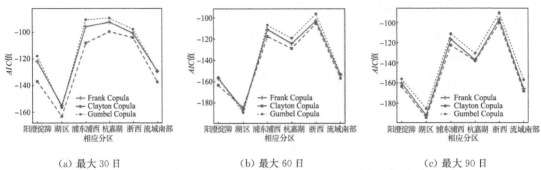

(a) 最大 30 日      (b) 最大 60 日      (c) 最大 90 日

**图 4.5 各 Copula 函数对全流域—流域北部—相应分区极值暴雨拟合 AIC 值**

绘制了采用三维 Clayton Copula 函数拟合的全流域—流域北部—相应分区最大 30 日、最大 60 日、最大 90 日的理论点据和经验点据,相应分区包含阳澄淀泖区、浦东浦西区、杭嘉湖区、浙西区、太湖湖区和流域南部(其余分区作为一个整体),如图 4.6~图 4.8 所示。拟合的理论-经验点据基本集中在 $y=x$ 附近,拟合效果较好。

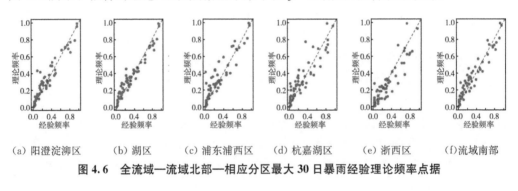

(a) 阳澄淀泖区   (b) 湖区   (c) 浦东浦西区   (d) 杭嘉湖区   (e) 浙西区   (f)流域南部

**图 4.6 全流域—流域北部—相应分区最大 30 日暴雨经验理论频率点据**

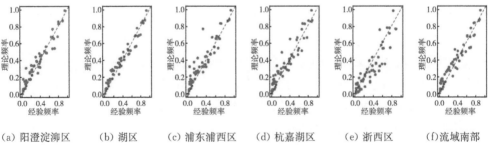

(a) 阳澄淀泖区   (b) 湖区   (c) 浦东浦西区   (d) 杭嘉湖区   (e) 浙西区   (f)流域南部

**图 4.7 全流域—流域北部—相应分区最大 60 日暴雨经验理论频率点据**

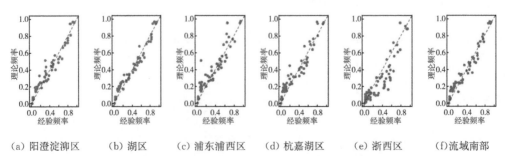

(a) 阳澄淀泖区   (b) 湖区   (c) 浦东浦西区   (d) 杭嘉湖区   (e) 浙西区   (f)流域南部

**图 4.8 全流域—流域北部—相应分区最大 90 日暴雨经验理论频率点据**

#### 4.3.1.2 其他方案

采用同样的方法,分别构建、优选了"91上游"和"99南部"两套设计暴雨的联合分布类型,结果表明,拟合"91上游"设计暴雨三维联合分布的最优Copula类型依然为Clayton Copula(图略),而拟合"99南部"的最优类型则为Gumbel Copula,拟合"99南部"的 *AIC* 值和 *OLS* 值如图4.9、图4.10所示。

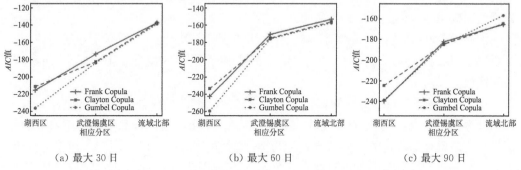

（a）最大30日　　　　　　（b）最大60日　　　　　　（c）最大90日

**图4.9　各Copula函数对全流域—流域南部—相应分区极值暴雨拟合 *AIC* 值**

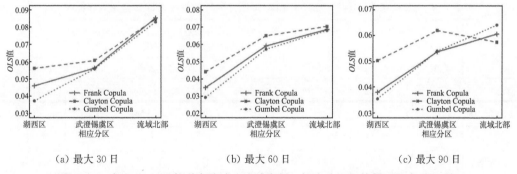

（a）最大30日　　　　　　（b）最大60日　　　　　　（c）最大90日

**图4.10　各Copula函数对全流域—流域南部—相应分区极值暴雨拟合 *OLS* 值**

### 4.3.2　空间分布协同性分析

#### 4.3.2.1　"91北部"设计暴雨

由推导出的三维Clayton Copula条件概率公式 $C_3(u_3 \mid u_1, u_2)$,计算在全流域、流域北部同时发生50年一遇、100年一遇设计极值暴雨条件下,相应分区发生相应设计面暴雨量的概率,由"典型年法"和"多年平均法"计算的"91北部"50年一遇条件概率计算结果见表4.4和表4.5,100年一遇条件概率计算结果见表4.6和表4.7。同时,为直观展现各分区发生相应设计面暴雨条件概率值大小,将各分区发生相应设计面暴雨量的条件概率绘制在雷达图中,其中,50年一遇"典型年法""多年平均法"见图4.11(a)(b),100年一遇"典型年法""多年平均法"见图4.12(a)(b)。

由表4.4和图4.11(a)可知,对于50年一遇"91北部"相应分区"典型年法"设计暴雨成果来说:(1)在全流域和流域北部同时发生 50 年一遇设计暴雨条件下,浙西区发生最大 30 日暴雨(460.3 mm)、最大 60 日暴雨(733.5 mm)、最大 90 日暴雨(946.9 mm)及以上的概率在所有相应分区中最高,分别为 42.3%、23.7%、29.4%,相应设计暴雨量在各自边缘分布中重现期均不超过 10 年。(2)阳澄淀泖区发生最大 30 日暴雨(611.5 mm)、最大 60 日暴雨(777.8 mm)、最大 90 日暴雨(967.7 mm)及以上的概率在所有分区中最低,仅分别为 1.1%、3.5%、4.0%,相应设计暴雨量在各自边缘分布中重现期均超过 50 年,甚至达到 100 年。(3)浦东浦西区、杭嘉湖区和湖区发生相应设计暴雨量的概率介于以上两个分区之间。

因此,有理由认为"91 北部"相应分区 50 年一遇"典型年法"设计暴雨成果不协同:当设定全流域和流域北部同时发生 50 年一遇暴雨时,浙西区设计暴雨量过小,而阳澄淀泖区设计暴雨量过大。

由表 4.5 和图 4.11(b)可知,对于 50 年一遇"91 北部"相应分区"多年平均法"设计暴雨计算成果来说:在全流域和流域北部同时发生 50 年一遇设计暴雨条件下,相应分区发生相应设计暴雨量的条件概率较为均衡,概率值全部介于 9%～18%,相应的设计暴雨量在各自边缘分布中的重现期介于 20～40 年。因此,有理由认为"多年平均法"设计暴雨计算成果相对于"典型年法"更为协同。

表 4.4 "典型年法"50 年一遇"91 北部"相应分区发生相应设计暴雨量条件概率

| 极值暴雨尺度 | 条件雨区(50 年一遇) | | 相应分区设计暴雨量(mm)及条件概率(根据全流域及流域北部 50 年一遇计算出的相应值) | | | | | |
|---|---|---|---|---|---|---|---|---|
| | 全流域 | 流域北部 | 阳澄淀泖 | 湖区 | 浦东浦西 | 杭嘉湖 | 浙西 | 流域南部 |
| 最大 30 日 | 513.7 | 544.5 | 611.5 | 544.1 | 511.4 | 439.7 | 460.3 | 499.5 |
| 条件概率 | — | — | 1.1% | 5.2% | 4.2% | 21.5% | 42.3% | 8.7% |
| 最大 60 日 | 718.9 | 735.8 | 777.8 | 704.3 | 690.5 | 670.0 | 733.5 | 711.1 |
| 条件概率 | — | — | 3.5% | 12.9% | 7.1% | 12.3% | 23.7% | 8.8% |
| 最大 90 日 | 910.0 | 940.3 | 967.7 | 895.8 | 872.8 | 828.7 | 946.9 | 896.1 |
| 条件概率 | — | — | 4.0% | 12.5% | 6.2% | 20.7% | 29.4% | 13.3% |

表 4.5 "多年平均法"50 年一遇"91 北部"相应分区发生相应设计暴雨量条件概率

| 极值暴雨尺度 | 条件雨区(50 年一遇) | | 相应分区设计暴雨量(mm)及条件概率(根据全流域及流域北部 50 年一遇计算出的相应值) | | | | | |
|---|---|---|---|---|---|---|---|---|
| | 全流域 | 流域北部 | 阳澄淀泖 | 湖区 | 浦东浦西 | 杭嘉湖 | 浙西 | 流域南部 |
| 最大 30 日 | 513.7 | 544.1 | 480.7 | 482.7 | 465.1 | 484.7 | 569.0 | 500.0 |
| 条件概率 | — | — | 13.7% | 15.5% | 10.5% | 10.2% | 9.0% | 9.6% |
| 最大 60 日 | 718.9 | 735.8 | 676.7 | 688.2 | 654.9 | 689.4 | 819.6 | 711.4 |
| 条件概率 | — | — | 15.6% | 16.3% | 12.0% | 10.2% | 9.0% | 8.7% |
| 最大 90 日 | 910.0 | 940.3 | 842.5 | 860.7 | 815.5 | 871.3 | 1 048.4 | 896.6 |
| 条件概率 | — | — | 17.7% | 17.2% | 13.2% | 12.9% | 10.5% | 13.2% |

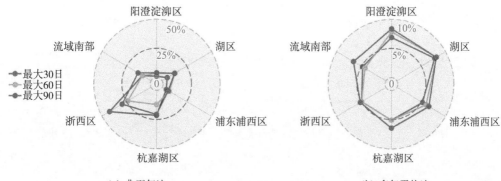

**图 4.11　全流域、流域北部同时遭遇 50 年一遇设计暴雨时相应分区遭遇相应暴雨的概率**

由表 4.6 和图 4.12(a)可知，与 50 年一遇的情景类似，100 年一遇"91 北部"相应分区"典型年法"设计暴雨计算成果亦不协同：(1)在全流域和流域北部同时发生 100 年一遇设计暴雨条件下，浙西区发生最大 90 日暴雨(1 016.7 mm)及以上的概率在所有相应分区中最高，为 15.5%，相应设计暴雨量在各自边缘分布中的重现期均不超过 10 年。(2)阳澄淀泖区发生最大 90 日暴雨(1 039.0 mm)及以上的概率在所有分区中最低，仅为 1.6%，相应的设计暴雨量在各自边缘分布中的重现期接近 100 年。(3)其他 3 个分区发生相应设计暴雨量的概率介于以上 2 个分区之间。

据此，有理由认为"91 北部"相应分区 100 年一遇"典型年法"设计暴雨成果不协同：当设定全流域和流域北部同时发生 100 年一遇暴雨时，浙西区暴雨量过小，而阳澄淀泖区设计暴雨量过大。

由表 4.7 和图 4.12(b)可知，对于 100 年一遇"91 北部"相应分区"多年平均法"设计暴雨计算成果而言：在全流域和流域北部同时发生 100 年一遇设计暴雨条件下，南部各分区发生相应设计暴雨量的条件概率较均衡，概率值均介于 5%～10%，相应设计暴雨量在各自边缘分布中的重现期介于 20～40 年。因此，有理由认为"多年平均法"设计暴雨计算成果相对于"典型年法"更为协同。

**表 4.6　"典型年法"100 年一遇"91 北部"相应分区发生相应设计暴雨量条件概率**

| 极值暴雨尺度 | 条件雨区<br>（100 年一遇） | | 相应分区设计暴雨量(mm)及条件概率<br>（根据全流域及流域北部 100 年一遇计算出的相应值） | | | | | |
|---|---|---|---|---|---|---|---|---|
| | 全流域 | 流域北部 | 阳澄淀泖 | 湖区 | 浦东浦西 | 杭嘉湖 | 浙西 | 流域南部 |
| 最大 90 日 | 979.5 | 1 017.4 | 1 039.0 | 961.8 | 937.1 | 889.8 | 1 016.7 | 962.2 |
| 条件概率 | — | — | 1.6% | 5.6% | 2.6% | 10.7% | 15.5% | 5.7% |

**表 4.7　"多年平均法"100 年一遇"91 北部"相应分区发生相应设计暴雨量条件概率**

| 极值暴雨尺度 | 条件雨区<br>（100 年一遇） | | 相应分区设计暴雨量(mm)及条件概率<br>（根据全流域及流域北部 100 年一遇计算出的相应值） | | | | | |
|---|---|---|---|---|---|---|---|---|
| | 全流域 | 流域北部 | 阳澄淀泖 | 湖区 | 浦东浦西 | 杭嘉湖 | 浙西 | 流域南部 |
| 最大 90 日 | 979.5 | 1 017.4 | 904.6 | 924.1 | 875.6 | 935.5 | 1125.7 | 962.7 |
| 条件概率 | — | — | 9.5% | 9.2% | 7.2% | 7.1% | 5.4% | 5.7% |

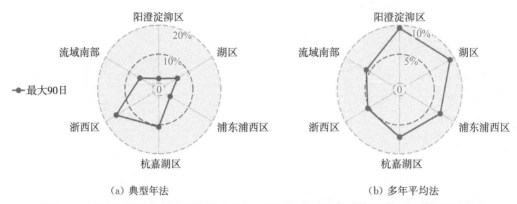

（a）典型年法  （b）多年平均法

**图 4.12  全流域、流域北部同时遭遇 100 年一遇设计暴雨时相应分区遭遇相应暴雨的概率**

### 4.3.2.2 "91 上游"设计暴雨

计算在全流域、流域上游同时发生 50 年一遇、100 年一遇设计极值暴雨条件下，相应分区发生相应设计面暴雨量的概率并绘制在雷达图中，其中，50 年一遇"典型年法""多年平均法"见图 4.13，100 年一遇"典型年法""多年平均法"见图 4.14。

由图 4.13、图 4.14 可知，无论是 50 年一遇或 100 年一遇设计暴雨，由"典型年法"计算的设计成果中，杭嘉湖区发生相应暴雨的条件概率均远超其余分区（在 50 年一遇情景下均超过 50%，而在 100 年一遇情景下均超过 30%）；相比之下，武澄锡虞区发生相应暴雨的条件概率均远低于其余分区（甚至在 100 年一遇情景下仅为 0.1%～0.2%），相应设计暴雨量在各自边缘分布中的重现期达 400 年以上。而由"多年平均法"计算的设计成果中，相应分区发生相应设计暴雨量的条件概率较均衡，50 年一遇、100 年一遇情景下对应的条件概率分别介于 17%～24%、7%～13%，相应设计暴雨量在各自边缘分布中的重现期分别介于 20～40 年、20～50 年。

因此，由"典型年法"计算出的设计暴雨成果在空间上是不协同的，这样的设计导致杭嘉湖区设计暴雨量过小，而武澄锡虞区设计暴雨量过大；而"多年平均法"中各分区发生相应暴雨的条件概率较均衡，其设计暴雨计算成果相对于"典型年法"更协同。

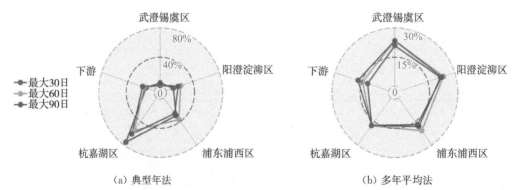

（a）典型年法  （b）多年平均法

**图 4.13  全流域、流域上游同时遭遇 50 年一遇设计暴雨时其余分区遭遇相应暴雨的概率**

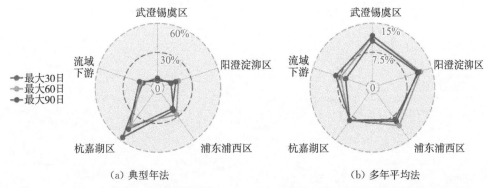

图 4.14 全流域、流域上游同时遭遇 100 年一遇设计暴雨时其余分区遭遇相应暴雨的概率

#### 4.3.2.3 "99南部"设计暴雨

计算在全流域、流域南部同时发生 50 年一遇、100 年一遇设计极值暴雨条件下,相应分区发生相应设计面暴雨的概率并绘制在雷达图中,其中,50 年一遇"典型年法""多年平均法"见图 4.15,100 年一遇"典型年法""多年平均法"见图 4.16。

由图 4.15、图 4.16 可知,由"典型年法"计算的设计暴雨协同性分析和其他两种暴雨的协同性分析成果有两个显著区别。

第一,虽然"典型年法"设计暴雨在北部两个分区的空间分布依然是不协同的,但其不协同程度较低。如 50 年一遇武澄锡虞区和湖西区最大 30 日暴雨的条件概率分别为 25.1%、9.9%,其差别体现明显不如其他两类暴雨方案。

第二,不同历时尺度极值暴雨的协同性评价结果不同。由图可知,最大 30 日暴雨方面,武澄锡虞区是偏弱的,湖西区偏强;但最大 60 日和最大 90 日暴雨方面,则反之。

总之,采用"多年平均法"后,流域北部各分区发生相应设计暴雨量的条件概率相较于"典型年法"更加均衡,因此,"多年平均法"设计暴雨计算成果相对于"典型年法"更协同。

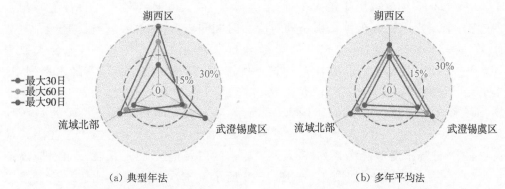

图 4.15 全流域、流域南部同时遭遇 50 年一遇设计暴雨时其余分区遭遇相应暴雨的概率

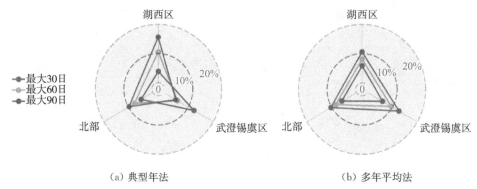

（a）典型年法        （b）多年平均法

**图 4.16 全流域、流域南部同时遭遇 100 年一遇设计暴雨时其余分区遭遇相应暴雨的概率**

## 4.4 设计暴雨、潮位组合协同性研究

在收集北部沿江、东部沿海、南部沿杭州湾代表性潮位站资料以及流域多年实测降水资料的基础上，采用 Archimedean Copula 函数，构造、优选设计暴雨、潮位的边缘分布，建立、选取暴雨、潮位组合的最优联合分布，在计算流域不同重现期、不同历时设计暴雨量和沿江、沿东海、沿杭州湾高潮的遭遇组合概率的基础上，确定不同设计标准暴雨最大可能遭遇的潮位区间并与现状潮位边界进行比较，为强化设计暴雨和外江潮位组合的协同性提供依据，也为进一步优化《太湖流域防洪规划》的设计潮位边界条件提供借鉴和参考。

### 4.4.1 设计暴雨、潮位联合分布

#### 4.4.1.1 边缘分布拟合与优选

流域设计暴雨和外江（海）潮位系列采用 5 类备选分布开展拟合、优选。统计了 1956—2015 年流域历年最大 1 日、最大 3 日、最大 5 日和最大 7 日极值暴雨系列（共 4 个），提取出和极值暴雨系列对应历时期间内 3 个代表站最高潮位系列（共计 $4 \times 3 = 12$ 个），相应需要拟合的边缘分布系列有 $12 + 4 = 16$ 个，拟合次数为 $16 \times 5 = 80$ 次，拟合结果采用 $AIC$ 值进行优选。由于拟合系列较多，降水系列中，本书给出流域最大 1 日、3 日（$R_{1d}$、$R_{3d}$）降水拟合密度及最大 5 日、7 日（$R_{5d}$、$R_{7d}$）降水拟合 $CDF$，如图 4.17、图 4.18 所示，各备选分布线型 K-S 检验的 $D$ 统计量、拟合接受情况、$AIC$ 值及 $BIC$ 值见表 4.8。潮位系列中，本书给出了江阴站最大 1 日、3 日降水对应高潮系列（$Z_{1d}$、$Z_{3d}$）的密度以及最大 5 日、7 日降水对应高潮系列（$Z_{5d}$、$Z_{7d}$）的 $CDF$，如图 4.19、图 4.20 所示。本次拟合最优比选结论直接以表格形式给出（表 4.9）。

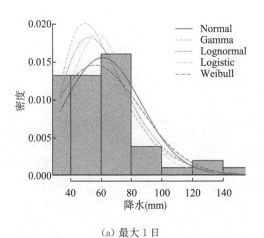

（a）最大 1 日

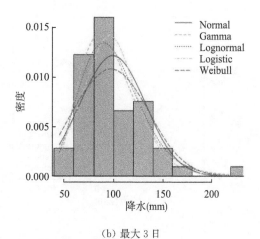

（b）最大 3 日

图 4.17　不同分布拟合的流域最大 1 日、最大 3 日暴雨系列密度图

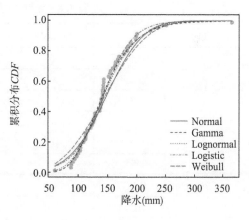

（a）最大 5 日

（b）最大 7 日

图 4.18　不同分布拟合的流域最大 5 日、最大 7 日暴雨系列累积分布图

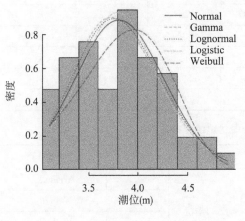

（a）最大 1 日

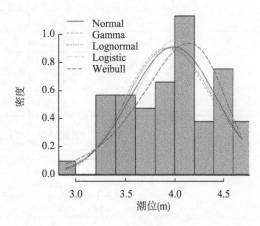

（b）最大 3 日

图 4.19　江阴站最大 1 日、最大 3 日降水对应高潮位系列拟合密度图

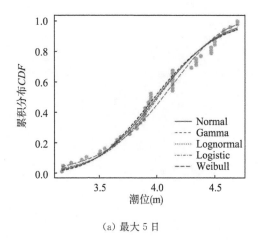

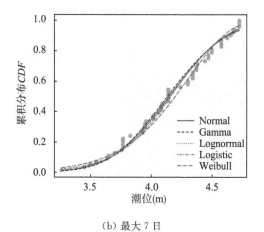

（a）最大 5 日 　　　　　　　　　　　　　（b）最大 7 日

**图 4.20　江阴站最大 5 日、最大 7 日降水对应高潮位系列拟合 CDF 图**

**表 4.8　流域不同历时设计暴雨拟合情况**

| 历时 | 指标 | Normal | Gamma | Lognormal | Logistic | Weibull |
|---|---|---|---|---|---|---|
| 最大 1 日 | $D$ 统计量 | 0.133 | 0.092 | 0.106 | 0.133 | 0.144 |
| | 是否接受 | 是 | 是 | 是 | 是 | 是 |
| | $AIC$ 值 | 498.2 | **478.7** | 483.0 | 493.2 | 493.1 |
| | $BIC$ 值 | 502.2 | 482.6 | 487.0 | 497.1 | 497.1 |
| 最大 3 日 | $D$ 统计量 | 0.160 | 0.099 | 0.121 | 0.119 | 0.144 |
| | 是否接受 | 是 | 是 | 是 | 是 | 是 |
| | $AIC$ 值 | 524.3 | **512.6** | 514.7 | 520.6 | 524.9 |
| | $BIC$ 值 | 528.3 | 516.6 | 518.7 | 524.5 | 528.8 |
| 最大 5 日 | $D$ 统计量 | 0.144 | 0.091 | 0.107 | 0.080 | 0.153 |
| | 是否接受 | 是 | 是 | 是 | 是 | 是 |
| | $AIC$ 值 | 543.2 | **531.9** | 534.0 | 538.5 | 544.1 |
| | $BIC$ 值 | 547.2 | 535.9 | 537.9 | 542.5 | 548.1 |
| 最大 7 日 | $D$ 统计量 | 0.155 | 0.096 | 0.117 | 0.112 | 0.134 |
| | 是否接受 | 是 | 是 | 是 | 是 | 是 |
| | $AIC$ 值 | 568.0 | **553.3** | 555.9 | 559.5 | 569.2 |
| | $BIC$ 值 | 572.0 | 557.2 | 559.9 | 563.5 | 573.1 |

**表 4.9　流域暴雨与外江潮位最优边缘分布比选结果**

| 变量 | 历时 | 最优边缘分布 | 变量 | 历时 | 最优边缘分布 |
|---|---|---|---|---|---|
| 流域暴雨 | $R_{1d}$ | Gamma | 吴淞口潮位 | $Z_{1d}$ | Weibull |
| | $R_{3d}$ | Gamma | | $Z_{3d}$ | Weibull |
| | $R_{5d}$ | Gamma | | $Z_{5d}$ | Weibull |
| | $R_{7d}$ | Gamma | | $Z_{7d}$ | Weibull |

续表

| 变量 | 历时 | 最优边缘分布 | 变量 | 历时 | 最优边缘分布 |
| --- | --- | --- | --- | --- | --- |
| 江阴潮位 | $Z_{1d}$ | Weibull | 盐官潮位 | $Z_{1d}$ | Weibull |
| | $Z_{3d}$ | Weibull | | $Z_{3d}$ | Weibull |
| | $Z_{5d}$ | Weibull | | $Z_{5d}$ | Weibull |
| | $Z_{7d}$ | Weibull | | $Z_{7d}$ | Weibull |

#### 4.4.1.2　联合分布构建与优选

基于优选出的设计暴雨及潮位边缘分布,构建流域不同历时(最大 1 日、最大 3 日、最大 5 日、最大 7 日,共计 4 个)设计暴雨和外江(海)对应高潮位系列(即江阴、吴淞口、盐官,共计 3 个)的二维联合分布,构建联合分布的系列组合为 $4 \times 3 = 12$ 个,备选的 Archimedean Copula 函数包括 Frank Copula、Clayton Copula 和 Gumbel Copula,共计构建联合分布 $12 \times 3 = 36$ 个。联合分布类型的优选采用经验频率-理论频率离差平方和最小准则(OLS)法、AIC 信息准则法。

本书仅给出了流域暴雨与江阴站潮位的联合分布构建与优选过程,对于其他两站(吴淞口和盐官)则基于理论、经验概率的 $AIC$ 值和 $OLS$ 值给出了优选结论。

(1)流域设计暴雨—长江潮位(江阴站)

基于估计的 Copula 函数参数,分别采用 Frank Copula、Clayton Copula 和 Gumbel Copula 函数,构建了流域最大 1 日、最大 3 日、最大 5 日和最大 7 日设计暴雨和江阴站对应最高潮位的联合分布,共计 $4 \times 3 = 12$ 个。利用 Frank Copula、Clayton Copula、Gumbel Copula 的累积概率公式分别计算了历年不同历时降水及对应潮位组合的理论概率。图 4.21 分别给出了 3 类 Copula 函数计算的流域最大 1 日、最大 3 日、最大 5 日、最大 7 日降水和对应高潮位经验频率和理论频率的对比图。由图可知,3 类 Copula 函数拟合的理论-经验点据基本集中在 $y = x$ 附近,可见,3 类 Copula 函数对流域设计暴雨—长江潮位(江阴站)对应高潮位的拟合效果均较好。

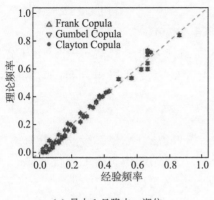

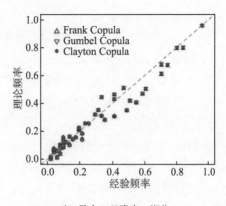

(a) 最大 1 日降水—潮位　　　　　　　(b) 最大 3 日降水—潮位

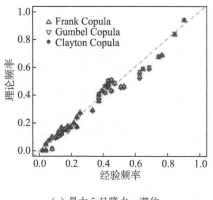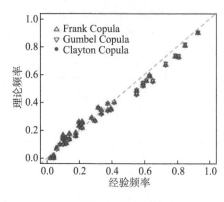

(c) 最大 5 日降水—潮位                (d) 最大 7 日降水—潮位

**图 4.21　各历时流域极值暴雨及对应潮位 Copula 拟合经验-理论频率对比**

采用 $AIC$ 值和 $OLS$ 法对 3 类备选 Copula 函数进行优选,将各 Copula 函数拟合雨潮联合分布的经验-理论频率的 $AIC$ 值和 $OLS$ 值绘制在图 4.22 中。由图可知,3 类 Copula 函数对江阴雨潮遭遇的拟合效能较为接近,但 Frank Copula 的拟合精度略高于其余两类 Copula 函数,其次为 Gumbel Copula 和 Clayton Copula。因此,本书将采用 Frank Copula 函数作为构建流域设计暴雨(江阴)相应高潮位联合分布的拟合模型。

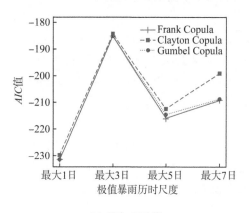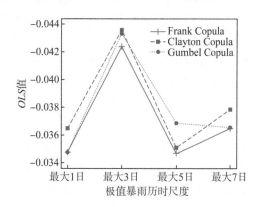

(a) 拟合 $AIC$ 值                          (b) 拟合 $OLS$ 值

**图 4.22　各 Copula 函数对雨潮拟合 $AIC$ 值和 $OLS$ 值对比**

采用 Frank Copula 函数,将暴雨—潮位区间划分为若干网格,分别计算了各联合分布的密度和累积概率,绘制 4 种组合联合分布的密度和累积分布,如图 4.23、图 4.24 所示。由图可查各雨量、潮位组合分布概率。

(2) 吴淞口和盐官

限于篇幅,本书不再给出流域设计暴雨与吴淞口、盐官潮位二维联合分布的构建、优选过程。表 4.10 列出流域设计暴雨和吴淞口、盐官站潮位拟合的最优 Copula 函数(主要依据理论频率和经验频率的 $AIC$ 值和 $OLS$ 值),可以看出,流域最大 3 日暴雨和盐官对应高潮位的最优拟合 Copula 函数为 Gumbel Copula 以外,其余均为 Frank Copula,因此本书采用 Frank Copula 函数作为构建流域设计暴雨与吴淞口、盐官相应高潮位联合分布的拟合模型。

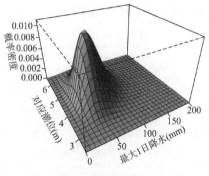

（a）最大 1 日降水—潮位

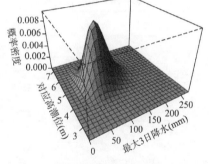

（b）最大 3 日降水—潮位

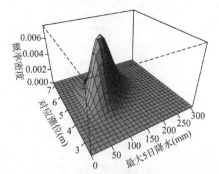

（c）最大 5 日降水—潮位

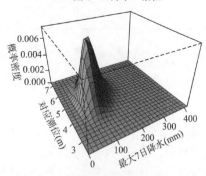

（d）最大 7 日降水—潮位

**图 4.23　流域不同历时设计暴雨与江阴潮位概率密度**

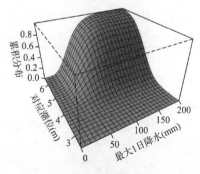

（a）最大 1 日降水—潮位

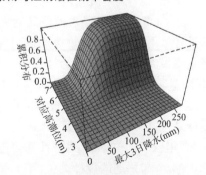

（b）最大 3 日降水—潮位

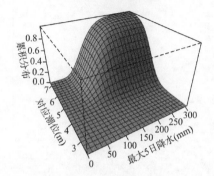

（c）最大 5 日降水—潮位

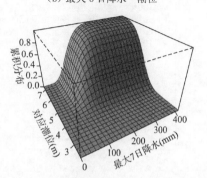

（d）最大 7 日降水—潮位

**图 4.24　流域不同历时设计暴雨与江阴潮位累积分布**

表 4.10  流域设计暴雨与吴淞口、盐官潮位最优联合分布比选结果

| 变量 | 历时 | 最优 Copula 联合二维分布 |
|---|---|---|
| 流域设计暴雨—吴淞口潮位 | $R_{1d}$—$Z_{1d}$ | Frank Copula |
| | $R_{3d}$—$Z_{3d}$ | Frank Copula |
| | $R_{5d}$—$Z_{5d}$ | Frank Copula |
| | $R_{7d}$—$Z_{7d}$ | Frank Copula |
| 流域设计暴雨—盐官潮位 | $R_{1d}$—$Z_{1d}$ | Frank Copula |
| | $R_{3d}$—$Z_{3d}$ | Gumbel Copula |
| | $R_{5d}$—$Z_{5d}$ | Frank Copula |
| | $R_{7d}$—$Z_{7d}$ | Frank Copula |

## 4.4.2  设计暴雨、潮位组合协同性

### 4.4.2.1  设计暴雨与沿长江潮位

由江阴站 $R_{1d}$ 与 $Z_{1d}$、$R_{3d}$ 与 $Z_{3d}$、$R_{5d}$ 与 $Z_{5d}$、$R_{7d}$ 与 $Z_{7d}$ 的边缘参数,计算各重现期下的设计值。分别将设计暴雨取 100 年、50 年、20 年、10 年一遇,由式(4-16)计算流域暴雨与各潮位区间遭遇的条件概率,绘制最大 1、3、5、7 日重现期暴雨遭遇不同江阴潮位的条件概率,如图 4.25 所示。

由图可知:(1) 同量级潮位与重现期较小的暴雨遭遇概率更大;(2) 以 0.2 m 为长度划分 3.5~6.5 m,通常随着潮位的增大,遭遇组合概率先增后减;(3) 图(a)显示,最大 1 日设计暴雨与其相应各量级潮位组合时,100 年、50 年、20 年、10 年一遇的设计暴雨遭遇概率最大的潮位区间为 4.9~5.1 m,对应于 2.1~2.8 年一遇的设计潮位;(4) 图(b)显示,最大 3 日设计暴雨与其相应各量级潮位组合时,100 年、50 年、20 年、10 年一遇的设计暴雨遭遇概率最大的潮位区间为 5.3~5.5 m,对应于 1.6~2.0 年一遇的设计潮位;(5) 图(c)(d)显示,最大 5、7 日设计暴雨与其相应各量级潮位组合时,100 年、50 年、20 年、10 年一遇设计暴雨遭遇概率最大的潮位区间均为 5.5~5.7 m,对应于 2.1~3.0 年一遇的设计潮位。

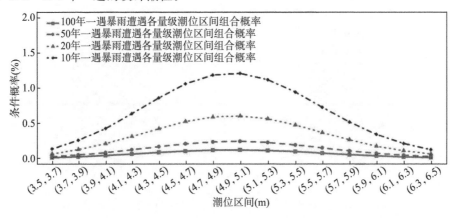

(a) 最大 1 日降水—相应最高潮位

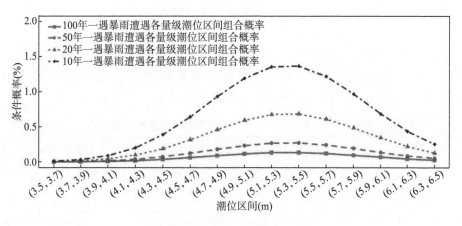

（b）最大 3 日降水—相应最高潮位

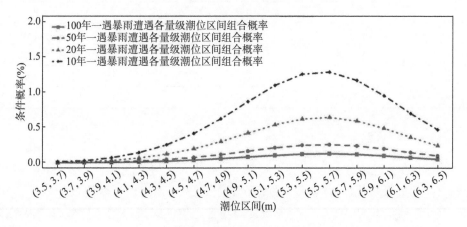

（c）最大 5 日降水—相应最高潮位

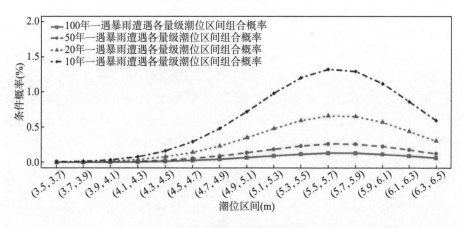

（d）最大 7 日降水—相应最高潮位

**图 4.25 不同历时流域极值暴雨遭遇江阴站各量级潮位区间的条件概率**

　　流域设计暴雨与江阴站潮位遭遇协同性分析如表 4.11 所示。综合 4 类不同历时极值暴雨对应高潮位来看，100 年、50 年、20 年和 10 年一遇流域极值暴雨遭遇最大可能的潮位区间为 4.9～5.7 m。根据《太湖流域防洪规划》及流域水文水动力模型设定，流域潮位边界为 1999 年实况潮位。据查证，1999 年流域实况最大 1 日、最大 3 日、最大 5 日和最大 7 日暴雨对应的历时期内江阴站最高潮位在 4.93～5.53 m 之间，介于不同重现期设计暴雨遭遇最大可能潮位区间范围内，据此，选择江阴站 1999 年实况潮位作为流域潮位边界是与流域设计暴雨组合相协同的。

表 4.11　流域设计暴雨与江阴站高潮位组合协同性分析

| 组合 | | 遭遇概率最大潮位区间(m)及重现期区间 | | | |
| --- | --- | --- | --- | --- | --- |
| | | 100 年一遇 | 50 年一遇 | 20 年一遇 | 10 年一遇 |
| $R_{1d}$—$Z_{1d}$ | 潮位区间 | (4.9,5.1) | (4.9,5.1) | (4.9,5.1) | (4.9,5.1) |
| | 重现期 | 2.1～2.8 年 | 2.1～2.8 年 | 2.1～2.8 年 | 2.1～2.8 年 |
| $R_{3d}$—$Z_{3d}$ | 潮位区间 | (5.3,5.5) | (5.3,5.5) | (5.3,5.5) | (5.3,5.5) |
| | 重现期 | 1.6～2.0 年 | 1.6～2.0 年 | 1.6～2.0 年 | 1.6～2.0 年 |
| $R_{5d}$—$Z_{5d}$ | 潮位区间 | (5.5,5.7) | (5.5,5.7) | (5.5,5.7) | (5.5,5.7) |
| | 重现期 | 2.1～3.0 年 | 2.1～3.0 年 | 2.1～3.0 年 | 2.1～3.0 年 |
| $R_{7d}$—$Z_{7d}$ | 潮位区间 | (5.5,5.7) | (5.5,5.7) | (5.5,5.7) | (5.5,5.7) |
| | 重现期 | 2.1～3.0 年 | 2.1～3.0 年 | 2.1～3.0 年 | 2.1～3.0 年 |

#### 4.4.2.2　设计暴雨与沿东海、杭州湾潮位

采用同样的方法，分别计算吴淞口站、盐官站 $R_{1d}$ 与 $Z_{1d}$、$R_{3d}$ 与 $Z_{3d}$、$R_{5d}$ 与 $Z_{5d}$、$R_{7d}$ 与 $Z_{7d}$ 的边缘参数，计算各重现期下的设计值。分别将设计暴雨取 100 年、50 年、20 年、10 年一遇，由式(4-16)计算流域暴雨与各潮位区间遭遇的条件概率。根据计算结果，分别给出流域设计暴雨与吴淞口、盐官站高潮位遭遇的协同性分析成果表，见表 4.12、表 4.13。

（1）吴淞口站—东海潮位

100 年、50 年、20 年和 10 年一遇流域极值暴雨最可能遭遇的吴淞口潮位区间为 3.9～4.5 m，对应重现期 2.5～14.4 年。而 1999 年流域最大 1 日、最大 3 日、最大 5 日和最大 7 日暴雨对应的历时期内吴淞口最高潮位在 4.14～4.24 m 之间，重现期为 4.4～5.9 年，处于不同重现期设计暴雨遭遇最大可能潮位区间范围内，因此，将吴淞口 1999 年实况潮位作为流域潮位边界是与流域设计暴雨组合相协同的。

（2）盐官站—杭州湾潮位

100 年、50 年、20 年和 10 年一遇流域极值暴雨最可能遭遇的盐官潮位区间为 6.7～7.1 m，对应重现期为 2.3～4.7 年。而 1999 年流域最大 1 日、最大 3 日、最大 5 日和最大 7 日暴雨对应历时期内盐官最高潮位分别为 6.65 m、6.68 m、6.79 m、6.79 m，重现期分别为 2.1 年、2.3 年、2.7 年、2.7 年，均小于不同重现期设计暴雨遭遇最大可能潮位区间下限。因此，以盐官站 1999 年实况潮位作为流域潮位边界与流域设计暴雨组合是不协同的，建议在流域产汇流模型计算时适当抬高杭州湾盐官潮位站的边界潮位。

**表 4.12　流域设计暴雨与吴淞口站高潮位组合协同性分析**

| 组合 | | 遭遇概率最大潮位区间(m)及重现期区间 | | | |
|---|---|---|---|---|---|
| | | 100 年一遇 | 50 年一遇 | 20 年一遇 | 10 年一遇 |
| $R_{1d}$—$Z_{1d}$ | 潮位区间 | (3.9,4.1) | (3.9,4.1) | (3.9,4.1) | (3.9,4.1) |
| | 重现期 | 2.5~3.9 年 | 2.5~3.9 年 | 2.5~3.9 年 | 2.5~3.9 年 |
| $R_{3d}$—$Z_{3d}$ | 潮位区间 | (3.9,4.1) | (3.9,4.1) | (3.9,4.1) | (3.9,4.1) |
| | 重现期 | 2.5~3.9 年 | 2.5~3.9 年 | 2.5~3.9 年 | 2.5~3.9 年 |
| $R_{5d}$—$Z_{5d}$ | 潮位区间 | (4.1,4.3) | (4.1,4.3) | (4.1,4.3) | (4.1,4.3) |
| | 重现期 | 3.9~7.1 年 | 3.9~7.1 年 | 3.9~7.1 年 | 3.9~7.1 年 |
| $R_{7d}$—$Z_{7d}$ | 潮位区间 | (4.3,4.5) | (4.3,4.5) | (4.1,4.3) | (4.1,4.3) |
| | 重现期 | 7.1~14.4 年 | 7.1~14.4 年 | 3.9~7.1 年 | 3.9~7.1 年 |

**表 4.13　流域设计暴雨与盐官站高潮位组合协同性分析**

| 组合 | | 遭遇概率最大潮位区间(m)及重现期区间 | | | |
|---|---|---|---|---|---|
| | | 100 年一遇 | 50 年一遇 | 20 年一遇 | 10 年一遇 |
| $R_{1d}$—$Z_{1d}$ | 潮位区间 | (6.9,7.1) | (6.9,7.1) | (6.9,7.1) | (6.9,7.1) |
| | 重现期 | 3.4~4.7 年 | 3.4~4.7 年 | 3.4~4.7 年 | 3.4~4.7 年 |
| $R_{3d}$—$Z_{3d}$ | 潮位区间 | (6.7,6.9) | (6.7,6.9) | (6.7,6.9) | (6.7,6.9) |
| | 重现期 | 2.3~3.4 年 | 2.3~3.4 年 | 2.3~3.4 年 | 2.3~3.4 年 |
| $R_{5d}$—$Z_{5d}$ | 潮位区间 | (6.9,7.1) | (6.9,7.1) | (6.9,7.1) | (6.9,7.1) |
| | 重现期 | 3.4~4.7 年 | 3.4~4.7 年 | 3.4~4.7 年 | 3.4~4.7 年 |
| $R_{7d}$—$Z_{7d}$ | 潮位区间 | (6.9,7.1) | (6.9,7.1) | (6.9,7.1) | (6.9,7.1) |
| | 重现期 | 3.4~4.7 年 | 3.4~4.7 年 | 3.4~4.7 年 | 3.4~4.7 年 |

## 4.5　小结

本章针对第 3 章中所提出的有关设计暴雨和洪水协同性问题,基于流域内不同分区雨量遭遇规律或流域雨量与外边界潮位遭遇规律的分析,采用 Copula 函数构建联合概率分布模型,系统评估了太湖流域设计暴雨空间分布的协同性和流域设计暴雨与外边界潮位组合的协同性。本章主要研究内容和结论如下。

(1)基于 Copula 函数构建的联合分布模型,推导了适用于设计暴雨空间分布协同性评价的三维条件概率公式 $P(X_1 \leqslant x_1 \mid X_2 = x_2, X_3 = x_3)$,该公式涉及 3 个变量,可用来计算在某 2 个变量(全流域和同频分区的降水)同时发生的情况下第 3 个变量(其他分区的降水)发生的条件概率。

(2)采用本书所推导的条件概率公式,评价了太湖流域设计暴雨空间分布的协同性。如采用"典型年法"在流域内各分区分配设计雨量,则各分区相应雨量对应概率值相差甚大,如 50 年一遇"91 北部"相应分区发生最大 30 日、最大 60 日、最大 90 日相应暴雨值的条件概率分别在 1.1%~42.3%、3.5%~23.7%、4.0%~29.4%之间变化,空间分布极不均匀,这导致设计暴雨在流域面上扭曲变形,极不协同。而采用"多年平均法"分配设计雨量,则各分区雨量对应概率值较接近,变化范围分别为 9.0%～15.5%、8.7%～16.3%、10.5%～17.7%,故采用"多年平均法"分配流域设计暴雨大大强化了流域设计暴雨空间分布的协同性。

(3) 采用二维 Copula 联合分布,系统评价了太湖流域设计暴雨和外边界潮位组合的协同性。流域各历时暴雨对应的北部和东部实况高潮位(分别为江阴站和吴淞口站)均介于最可能遭遇的潮位区间内;而南部盐官站最大 1 日、3 日、5 日和 7 日暴雨对应的高潮位分别为 6.65 m、6.68 m、6.79 m、6.79 m,均低于对应历时暴雨最可能遭遇高潮位区间(分别为 6.9～7.1 m、6.7～6.9 m、6.9～7.1 m、6.9～7.1 m)的下限,故太湖流域南部高潮位边界与流域设计暴雨组合不协同,可考虑适当抬升流域设计暴雨对应的南部边界潮位值。

# 第5章

## 太湖流域防洪除涝工程布局和调度综合应对

## 5.1 概述

前述几章已指出,太湖流域在快速城镇化进程中,流域、区域和城市防洪除涝工程建设不同步,在城市防洪除涝工程快速推进的同时,区域、流域防洪除涝工程建设相对滞后,导致洪涝外排出路和能力不足的问题比较突出;同时,流域内各分区沿江口门和主要城市防洪包围圈调度方式不合理且缺乏协同性,也造成流域、区域和城市防洪除涝矛盾比较尖锐。因此,亟须系统分析不同工程和调度措施对流域、区域和城市防洪除涝协同性的影响。

由于防洪除涝工程的调度管理总是针对一定的工程布局条件而言,因此,本章将工程布局和调度管理对防洪除涝协同性的影响两个问题一并加以研究。本章立足于同时完善工程布局和优化调度方式,设计一系列计算方案,基于太湖流域水文水动力模型,定量模拟 4 类设计暴雨条件下各计算方案对应的洪涝运动过程。进一步构建协同性综合评价模型,评价和比较不同工程布局和调度方式对防洪除涝协同性的影响,并提出改进防洪工程布局和调度方式的综合应对措施。

## 5.2 研究思路与方法

### 5.2.1 研究思路

本章的基本思路是首先设计基于优化调度方案、完善工程布局这两套措施相结合的共计 11 套计算方案,对这些方案开展流域水文水动力模型定量模拟,得到关键节点的水位、水量要素,通过对不同方案计算成果的统计比较,从水位、水量的角度描述不同调度方式、工程措施对防洪除涝协同性的影响,再引入协同性综合评价模型,定量评价、比较不同方案的协同程度,最后依据定量评价结果提出强化流域、区域和城市防洪除涝协同性的调度和工程措施。本章在层次上是一个由浅入深的过程,其研究思路如图5.1 所示。

### 5.2.2 流域水文水动力模型

太湖流域模型是河海大学历经 20 余年开发的水文水动力模型,该模型重点考虑了城镇不透水地表产流和圩区、闸控工程调节,采用一二维耦合的水动力学方法模拟河湖洪涝演进过程,既不同于传统的流域水文模型,也不同于城市雨洪模型。经过验证,该模型能够较好地模拟流域产汇流过程,已成功应用于太湖流域综合规划、防洪规划,并成为流域日常调度运行的核心模型,也为全流域城镇化水文效应的时空解析提供了强有力的工具。该模型包含产汇流模型、河网水量模型、汇流模型等 6 个模型,各个模型既可独立运行,也能耦合运行。关于太湖流域模型的详细原理及计算方法可参阅文献[116][117],模型结构见图 5.2。

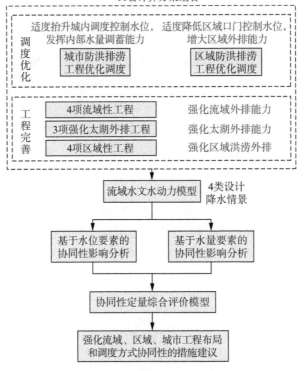

**图 5.1 太湖流域防洪除涝工程布局和调度协同性研究思路**

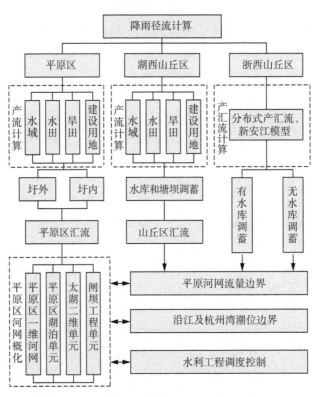

**图 5.2 太湖流域水量水质模型结构示意图**[116]

### 5.2.2.1　产流模型

模型产流将流域划分为 20 个山丘片、16 个平原片和 3 个自排片作为计算单元。产流部分按地形分为平原河网区降雨产流模型、湖西山丘区产水量模型和浙西山丘区产水量模型。其中,平原河网区和湖西区均按照水面、水田、旱地及城镇道路 4 种下垫面模拟,再以各类面积为权重,计算各片区的逐日平均产水量;而浙西区属于典型的山溪型流域,水稻田面积较小、下垫面在年内变化不大,采用三水源新安江模型计算。模型输出产水量为降水(正产水)与蒸发、灌溉耗散量(负产水)之和,无雨日产水量为负值。值得注意的是,由图 5.2 可知,太湖流域模型在平原区产流和湖西山丘区产流模块均包含了建设用地产流,这说明该模型在产流计算中充分考虑了城镇化的影响,不仅可以模拟流域产汇流过程,也可为流域城镇化水文效应的时空解析提供模型支持。

### 5.2.2.2　汇流模型

太湖流域模型中的汇流过程是各计算单元的净雨汇集到流域出口断面或者进入流域河网,包括平原区河网汇流及平原区产流的河网分配。

由于太湖流域山地丘陵仅分布在流域西部少数区域,中东部绝大部分为平原河网地区,平原河网地区河流纵横交错、湖泊星罗棋布,在这种地形地貌条件下,太湖流域明显不同于以往我们所研究的山丘区天然流域,即没有明确的、唯一的流域出口断面。受降雨中心及河口潮汐等影响,太湖流域平原河网地区流向往复不定。另外,高强度人类活动(高密度闸坝工程与下垫面剧烈扰动)对河道水位和水量交换的影响也较大。因此,在流域平原区河网汇流部分采用分布式单位线法,且需要做一些假定和简化。

针对流域的实际状况,模拟流域内水流可概化如下。

(1)零维模型

对零维模型来说,水位是反映水流的主要指标,可采用水位的变化代表区域内的蓄水量变化:

$$\sum Q = A(z)\frac{\partial Z}{\partial t} \tag{5-1}$$

(2)一维模型

采用圣维南方程组描述河道的水流运动:

$$\begin{cases} B\dfrac{\partial Z}{\partial t} + \dfrac{\partial Q}{\partial x} = q \\ \dfrac{\partial Q}{\partial t} + \dfrac{\partial}{\partial t}\left(\dfrac{\alpha Q^2}{A}\right) + gA\dfrac{\partial Z}{\partial x} + gA\dfrac{|Q|Q}{K^2} = qV_x \end{cases} \tag{5-2}$$

(3)堰等建筑物过流

以宽顶堰为例,其过流可分为自由出流和淹没出流。不同流态采用不同的计算公式,当出流为自由出流时,

$$Q = mB\sqrt{2g}\,H_0^{1.5} \tag{5-3}$$

当出流为淹没出流时，

$$Q = \varphi_m B h_s \sqrt{2g(Z_1 - Z_2)} \tag{5-4}$$

（4）节点方程

对河网一维采用全隐耦合方式进行，这样既保证计算稳定性，又提高计算精度，实现了整个流域内的水流演进过程模拟。

太湖流域水文水动力模型的可靠性在太湖流域综合规划、防洪规划、水资源综合规划等编制过程中得到了广泛验证，已成为流域日常调度运行的核心模型。本书为保证太湖流域水文水动力模型的可靠性，采用2016年太湖流域洪水对模型开展进一步率定，结果表明，模型计算的代表站河网水位和实况水位基本一致。其中，计算的太湖最高水位和实况最高水位的差别不超过10 cm，主要站点（分区代表站王母观、陈墅、陈墓、嘉兴）计算最高水位和实况最高水位差异均在15 cm以内，因此该模型能够较好地模拟全流域洪涝运动过程，为后续工程布局和调度方式的协同性研究提供模型支持。

### 5.2.3 协同性评估方法

#### 5.2.3.1 协同性评估指标

本书先通过比较各计算方案下水量、水位要素统计成果对流域、区域和城市防洪除涝协同性开展初步分析和评价，再根据TOPSIS协同性综合评价模型对各方案的协同性程度开展定量评价。

在依据水量、水位要素分析评价防洪除涝协同性时，需定义各要素的正向性和负向性，即定义哪些统计要素的增大或减少意味着协同性的强化。本小节从协同性角度论述了评价指标体系中的各个要素。

（1）水位

①太湖水位。太湖水位是表征流域防洪情势的最重要指标，太湖水位过高对下游分区和城市将形成巨大防洪压力，同时也不利于上游环湖分区的排涝。因此，将太湖最高、平均水位降低视为防洪除涝协同性的增强。

②区域代表站水位。区域代表站水位表征区域防洪除涝情势，汛期代表站水位过高不仅增加本区域范围内防洪除涝压力，也会对相邻分区以及城市防洪除涝产生不利影响。近年来，区域汛期水位过高是太湖流域防洪除涝中一个突出问题，因此将汛期区域代表站水位降低视为防洪除涝协同性的增强。

③城内外水位差。汛期城防工程的主要功能是阻挡外部洪水侵袭，同时向外排出内部涝水。近年来，随着城防大包围和泵站建设不断开展，原有河道联系被强行切断，区域调蓄能力降低，且汛期城内水位往往控制过低，圩内外水位差较大，这意味着城内防洪除涝压力大量转移到城外，大大增加了圩外地区的防洪除涝风险。因此，将城内外水位差值（城外水位－城内水位）的减小视为增强流域、区域和城市的协同性。

（2）水量

①太浦河、望虞河排水量。太湖水位控制是流域、分区防洪除涝的工作基础，太浦

河、望虞河是排泄太湖洪水的最重要的两条通道,对降低太湖水位具有不可替代的作用,如 2016 年 5—7 月"两河"外排水量达 51 亿 m³。近年来,流域外排通道行洪能力不足是太湖流域防洪面临的主要问题之一,显然应将太浦河、望虞河排水量的增加视为增强流域、区域和城市的协同性。

②各分区外排水量。各分区中湖西区、武澄锡虞区和阳澄淀泖区北排长江,杭嘉湖区则南排杭州湾。除"两河"外,各分区汛期沿江、沿杭州湾外排口门也是外排洪涝的中流砥柱,如 2016 年 5—7 月,分区沿江口门北排达 34.16 亿 m³,沿杭州湾外排 20.2 亿 m³,外排水量不仅包括各分区洪涝水,还包括各城市外排(经由区域骨干河道排至长江和杭州湾)的涝水。增大区域外排有利于降低太湖汛期水位,同时减小区域和城市的防洪除涝压力,因此将北排水量增加视为增强流域、区域和城市的协同性。

③城防大包围排水量。随着城防大包围、圩区建设的不断开展,汛期大包围外排水量大为增加,将圩内防洪除涝压力大量转移到圩外。集中排水时,圩外河道水位迅速上涨,加大了流域骨干河道及圩外河道的防洪压力,加剧了流域、区域和城市的防洪矛盾。因此将城防大包围排水量的减少视为增强流域、区域和城市的协同性。

④沿运河各站水量。太湖流域 4 座典型城市均位于流域骨干河道——江南运河沿线。在强降水期间,城防工程的集中排涝使得运河水位陡涨陡落,近年来运河沿线排涝动力大为增加,已经超出运河本身的过水能力,深刻改变了运河沿线防洪除涝的情势。不仅如此,江南运河作为流域洪水的承转通道,其地理位置的最低点位于太浦河上,城防工程排泄的涝水产生的压力最终转移到太浦河上,继而对流域行洪产生不利影响。因此将运河各站通过水量减少视为增强流域、区域和城市的协同性。

### 5.2.3.2 TOPSIS 综合评价模型

TOPSIS(Technique for Order Preference by Similarity to an Ideal Solution)综合评价模型[147-148](又称为优劣解距离法)是 C. L. Hwang 和 K. Yoon 于 20 世纪 80 年代首次提出。该模型依据评价对象与理想目标的距离对评价对象开展排序,以此作为各方案优劣程度的依据。该评价模型对于评价体系中的各个指标要求单调,常用于解决多评价对象、多属性目标的决策问题。在本书中,可将各计算方案下流域、区域和城市防洪除涝计算水位和水量加以统计,并设定水位和水量协同性指标的单调性,以此作为TOPSIS 模型协同性评价的依据。

(1)方法和原理

先设置多属性的决策方案集为 $D=\{d_1,d_2,\cdots,d_m\}$,衡量方案属性优劣的变量为 $x_1,\cdots,x_n$,$[a_{i1},\cdots,a_{in}]$ 由方案集 $D$ 内的 $n$ 个属性构成,可认为是 $n$ 维空间的一个点,代表了该方案。

再通过构造正负理想解 $C^*$、$C^0$,其属性值为决策矩阵中该属性的最优/最劣值。在 $n$ 维空间内,比较方案集合 $D$ 中的方案与 $C^*$、$C^0$ 的距离,若方案距离正理想解更近的同时又离负理想解较远,则该方案为最优方案。

(2)计算步骤

设决策矩阵为 $A=(a_{ij})_{m\times n}$,(在进行决策时,因决策属性类型的不同、属性量纲不同和属性值的大小不同,决策与评价的结果会受影响)进行属性值的规范化(方法不唯一,可视具体情况而定),设规范化决策矩阵 $\boldsymbol{B}=(b_{ij})_{m\times n}$,其中

$$b_{ij}=\frac{a_{ij}}{\sqrt{\sum\limits_{i=1}^{m}a_{ij}^{2}}},i=1,2,\cdots,m;j=1,2,\cdots,n \qquad (5-5)$$

构造加权的规范矩阵 $\boldsymbol{C}=(c_{ij})_{m\times n}$。设由决策者给定的权重向量 $\boldsymbol{W}=[w_1,w_2,w_3,\cdots,w_n]^{\mathrm{T}}$,则

$$c_{ij}=w_j\times b_{ij},i=1,2,\cdots,m;j=1,2,\cdots,n \qquad (5-6)$$

确定正理想解 $C^*$ 和负理想解 $C^0$,计算各方案到正(负)理想解的距离

$$s_i^*=\sqrt{\sum\limits_{j=1}^{n}(c_{ij}-c_j^*)^2},i=1,2,\cdots,m \qquad (5-7)$$

同理,

$$s_i^0=\sqrt{\sum\limits_{j=1}^{n}(c_{ij}-c_j^0)^2},i=1,2,\cdots,m \qquad (5-8)$$

计算综合评价值

$$f_i^*=\frac{s_i^0}{s_i^0+s_i^*},i=1,2,\cdots,m \qquad (5-9)$$

## 5.3 计算方案设置

以增大流域区域外排、减少城市外排为基本思路,考虑优化调度方式和完善工程布局这两个方面,具体来说,在区域和城市层面考虑调度方案的优化调整,在流域和区域层面考虑工程布局的完善。其中,区域调度方案的优化主要是通过合理降低区域外排控制水位来增大外排水量,缓解区域水位过高的问题;城市调度方案的优化则是通过适当抬升城内控制水位来发挥城市内部水量调蓄能力,即通过让城市适当分担洪涝风险来缓解外部洪涝压力;在工程布局完善方面,主要考虑将在建、规划建设的流域、区域骨干防洪工程进行组合。

### 5.3.1 设置说明

方案设置思路是首先仅考虑优化调度方案,接着在优化调度的基础上进一步考虑各工程措施。以下分条叙述各计算方案的内涵。

(1) 方案1~方案7,基础方案和优化调度方案

①方案1为基础方案,该方案采用现有调度方案和工况条件。

②方案2、方案3为城市优化调度方案:以2000年为界,统计城镇化前后城内水位上涨幅度,以上涨水位的50%和100%作为城市大包围内部控制水位的抬升值,产生

2套城防工程优化调度方案(减少城市外排)。这2套方案主要考察城内控制水位变化对流域、区域和城市防洪除涝协同性的影响。

③方案4、方案5为区域优化调度方案:以2000年为界,统计了城镇化前后区域代表站平均水位涨幅,以上涨水位的50%和100%作为区域引排控制水位的降低值,产生2套区域优化调度方案(增加区域外排)。这2套方案主要考察区域沿江口门引排控制水位变化对流域、区域和城市防洪除涝协同性的影响。

④方案6、方案7为城市、区域同时优化调度方案:同时考虑上述城市和区域优化的2套调度方案。这2套方案是为了考虑区域和城市组合优化调度的效果。

(2)方案8~方案11,在优化调度基础上进一步增加工程措施

针对在调度方案优化调整中尚未解决的地区水位过高、洪涝外排出路不足等问题,进一步考虑在建、规划建设的流域、区域性骨干工程,设计了4套规划工况,作为4套工程布局方案。规划工况1~4的说明情况见表5.1。

①方案8,即规划工况1。在现状工况基础上考虑近期已开工建设且将完工的流域性骨干引排水河道,包括湖西区的新孟河延伸拓浚工程、武澄锡虞区的新沟河延伸拓浚工程、杭嘉湖区的扩大杭嘉湖南排工程、江南运河"四改三"工程浙江段。该方案旨在评估流域性骨干引排水河道的拓浚延伸对流域、区域防洪除涝协同性的影响。

②方案9,即规划工况2。在规划工况1的基础上,增加3项2019年有望开工的太湖行洪工程(望虞河后续工程、太浦河后续工程、吴淞江行洪工程)。该方案旨在评估排泄太湖洪水的流域骨干工程建设对流域、区域和城市防洪除涝协同性的影响。

③方案10,即规划工况3。在规划工况1的基础上,考虑在武澄锡虞区增加4项区域性骨干工程,包括白屈港综合整治工程、锡澄运河北排扩大工程、桃花港拓浚整治工程以及澡港河泵站扩容工程。本工况重点在规划工况1的条件下评估武澄锡虞区扩大北排对该区域和相邻区域防洪除涝协同性的影响。

④方案11,即规划工况4。考虑增加所有提到的工程。本工况重点在规划工况1的基础上评估同时增加流域和区域骨干工程对流域防洪除涝的影响。

涉及的各项工程简要说明见表5.1,工程的位置示意见图5.3。工程类别可分为强化太湖外排的工程、流域性防洪除涝工程以及区域性防洪除涝工程(武澄锡虞区)。

表5.1 涉及各项工程简要说明

| 类型 | 工程 | 说明 |
| --- | --- | --- |
| 强化太湖外排的工程 | 望虞河后续工程 | 全长60 km,望虞河拓宽,增强太湖洪水外排能力 |
| | 太浦河后续工程 | 全长57 km,太浦河拓宽,增强太湖洪水外排能力 |
| | 吴淞江行洪工程 | 全长125 km,极大增强太湖洪水外排能力 |
| 流域性工程 | 江南运河"四改三"工程浙江段 | 运河拓宽,由原先"四级航道"升级为"三级航道" |
| | 新孟河延伸拓浚工程 | 全长116 km,全面提高流域、湖西区防洪除涝标准 |
| | 新沟河延伸拓浚工程 | 全长97 km,全面提高流域、武澄锡虞区防洪除涝标准 |
| | 扩大杭嘉湖南排工程 | 全长37 km,全面提高流域、杭嘉湖区外排能力 |

| 类型 | 工程 | 说明 |
|------|------|------|
| 区域性工程 | 澡港河泵站扩容工程 | 增加泵站容量,提升武澄锡虞区澡港河洪涝外排能力 |
| | 白屈港综合整治工程 | 拓宽白屈港,提升武澄锡虞区防洪除涝能力 |
| | 锡澄运河北排扩大工程 | 拓宽锡澄运河,提升武澄锡虞区防洪除涝能力 |
| | 桃花港拓浚整治工程 | 拓宽桃花港,提升武澄锡虞区桃花港防洪除涝能力 |

(a) 强化太湖外排工程　　　　(b) 流域性防洪除涝工程　　　　(c) 区域性防洪除涝工程

**图 5.3　本章研究涉及的 3 类工程位置示意图**

### 5.3.2　计算方案

本书所提出的 11 套计算方案的具体说明如表 5.2 所示。为便于表达,下文统一用方案序号代表各方案。

## 5.4　基于水位要素的协同性影响分析

### 5.4.1　太湖水位

#### 5.4.1.1　最高水位

图 5.4 给出了 4 类设计暴雨情景下 11 套计算方案中的太湖 6 月、7 月、8 月最高水位。由该图可知,在同一重现期下,"91 北部"6 月太湖最高水位远高于"99 南部"(水位差在 20 cm 左右),7 月和 8 月则反之,其中"99 南部"太湖 8 月最高水位超过"91 北部"30 cm 左右。

表 5.4 进一步给出了 4 类设计暴雨情景下 10 套计算方案中太湖 6 月、7 月、8 月最高水位较基础方案的降低值,结合图 5.4 可知:与基础方案相比,方案 2、方案 3 对 6 月、7 月、8 月太湖最高水位影响基本较小,方案 2 在"91 北部"100 年一遇情景下抬升 7 月太湖最高水位 3.4 cm;方案 4、方案 5 则可较明显地降低太湖 6 月最高水位,降低幅度分别为 3.0～5.5 cm、6.2～11.3 cm,对 7 月、8 月最高水位的降低幅度相对较小,且与暴雨情景有关,如在 50 年一遇"91 北部"情景下可降低 7 月最高水位 4.3 cm、9.3 cm,而在 100 年一遇"91 北部"情景下对 7 月最高水位几乎没有影响;方案 6 和方案 7 对太湖最高水位的

表5.2 调度方案和工程布局计算方案设置明细

| 方案序号 | 方案 | 区域调度 | | | | 城市调度 | | | | 工程布局 | 降水情景数 |
|---|---|---|---|---|---|---|---|---|---|---|---|
| | | 湖西区 | 武澄锡虞区 | 阳澄淀泖区 | 杭嘉湖区 | 常州 | 无锡 | 苏州 | 嘉兴 | | |
| 1 | 基础方案 | 0 | 0 | 0 | 0 | 0 | 0 | 0 | 0 | 现状工况 0 | 4 |
| 2 | 城市优化调度① | 0 | 0 | 0 | 0 | 1 | 1 | 1 | 1 | 现状工况 0 | 4 |
| 3 | 城市优化调度② | 0 | 0 | 0 | 0 | 2 | 2 | 2 | 2 | 现状工况 0 | 4 |
| 4 | 区域优化调度① | 1 | 1 | 1 | 1 | 0 | 0 | 0 | 0 | 现状工况 0 | 4 |
| 5 | 区域优化调度② | 2 | 2 | 2 | 2 | 0 | 0 | 0 | 0 | 现状工况 0 | 4 |
| 6 | 城市优化调度①+区域优化调度① | 1 | 1 | 1 | 1 | 1 | 1 | 1 | 1 | 现状工况 0 | 4 |
| 7 | 城市优化调度②+区域优化调度② | 2 | 2 | 2 | 2 | 2 | 2 | 2 | 2 | 现状工况 0 | 4 |
| 8 | 优化调度+规划工况 1 | 2 | 2 | 2 | 2 | 2 | 2 | 2 | 2 | 规划工况 1 | 4 |
| 9 | 优化调度+规划工况 2 | 2 | 2 | 2 | 2 | 2 | 2 | 2 | 2 | 规划工况 2 | 4 |
| 10 | 优化调度+规划工况 3 | 2 | 2 | 2 | 2 | 2 | 2 | 2 | 2 | 规划工况 3 | 4 |
| 11 | 优化调度+规划工况 4 | 2 | 2 | 2 | 2 | 2 | 2 | 2 | 2 | 规划工况 4 | 4 |

仅采用优化调度措施（方案1~7）

在优化调度基础上采取工程措施（方案8~11）

注：调度方案中，0代表执行现有调度方案，1代表执行优化调度方案①，2代表执行优化调度方案②。各规划工况的具体说明参见表5.3。

表 5.3 工程布局方案现状工况及规划工况 1～4 明细

| | 骨干工程 | 现状工况 0 | 规划工况 1 | 规划工况 2 | 规划工况 3 | 规划工况 4 |
|---|---|---|---|---|---|---|
| 强化太湖外排的工程 | 望虞河后续工程（2019 年开工） | × | × | √ | × | √ |
| | 太浦河后续工程（2019 年开工） | × | × | √ | × | √ |
| | 吴淞江行洪工程（2019 年开工） | × | × | √ | × | √ |
| | 江南运河"四改三"工程浙江段 | × | √ | √ | √ | √ |
| 流域性防洪除涝工程 | 新孟河延伸拓浚工程（湖西区） | × | √ | √ | √ | √ |
| | 新沟河延伸拓浚工程（武澄锡虞区） | × | √ | √ | √ | √ |
| | 扩大杭嘉湖南排工程（杭嘉湖区） | × | √ | × | √ | √ |
| 区域性防洪除涝工程（武澄锡虞区） | 澡港河泵站扩容工程 | × | × | × | √ | √ |
| | 白屈港综合整治工程 | × | × | × | √ | √ |
| | 锡澄运河北排扩大工程 | × | × | × | √ | √ |
| | 桃花港拓浚整治工程 | × | × | × | √ | √ |

注："×"表示工程不实施，"√"代表工程实施。

影响近似于方案2、4和方案3、5的叠加;在方案7的基础上,方案8进一步抬升了太湖6月和7月最高水位(抬升幅度达5.8~8.2 cm、1.5~6.6 cm),对8月最高水位的抬升幅度较小,仅为-0.7~3.1 cm;在方案8的基础上,方案9可进一步大幅度降低太湖6月、7月、8月的最高水位,降低幅度分别达3.6~12.3 cm、4.1~11.0 cm、8.8~12.1 cm。

城市优化调度对太湖最高水位影响很小,而区域优化可较大幅降低太湖最高水位;强化太湖洪水外排的工程措施可大幅降低太湖最高水位。因此,从对不同方案太湖最高水位的对比分析来看,区域优化调度及强化太湖外排的工程措施更有利于强化太湖流域防洪除涝协同性。

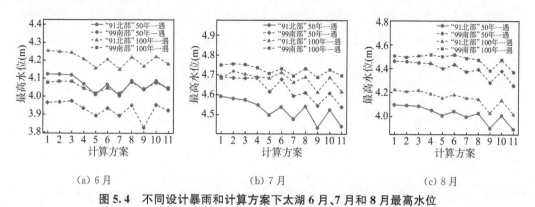

(a) 6月　　　　　　　　　(b) 7月　　　　　　　　　(c) 8月

**图5.4　不同设计暴雨和计算方案下太湖6月、7月和8月最高水位**

**表5.4　不同计算方案下太湖6、7、8月最高水位相对于基础方案的降低值**　　单位:cm

| 计算方案 | 设计暴雨类型 | | | | | | | | | | | |
| | "91北部"50年一遇 | | | "99南部"50年一遇 | | | "91北部"100年一遇 | | | "99南部"100年一遇 | | |
| | 6月 | 7月 | 8月 | 6月 | 7月 | 8月 | 6月 | 7月 | 8月 | 6月 | 7月 | 8月 |
| 城市优化方案1 | 0.1 | 0.8 | 0.2 | -0.6 | 0.3 | 0.1 | 0.6 | -3.4 | 1.6 | -0.6 | -0.7 | 1.3 |
| 城市优化方案2 | 0.5 | 1.7 | 0.9 | -1.1 | 0.8 | 0.7 | 1.0 | -2.1 | 0.2 | -0.6 | -0.4 | -0.1 |
| 区域优化方案1 | 5.5 | 4.3 | 3.9 | 3.0 | 0.4 | 1.8 | 4.6 | -0.6 | 3.5 | 3.2 | 1.2 | -0.8 |
| 区域优化方案2 | 11.3 | 9.3 | 8.2 | 7.1 | 7.7 | 5.8 | 9.7 | 0.1 | 7.0 | 6.2 | 4.2 | 0.9 |
| 城市、区域优化方案1 | 5.8 | 5.2 | 4.9 | 2.9 | 1.4 | 2.4 | 4.8 | -2.8 | 4.0 | 3.2 | 1.7 | -0.8 |
| 城市、区域优化方案2 | 12.0 | 11.4 | 9.6 | 7.2 | 9.5 | 8.3 | 10.4 | 2.2 | 7.2 | 6.2 | 5.5 | 2.4 |
| 规划工况1 | 3.8 | 4.8 | 6.5 | 1.4 | 8.0 | 6.5 | 3.7 | -0.8 | 7.9 | -0.1 | 1.9 | 3.8 |
| 规划工况2 | 8.5 | 15.8 | 18.6 | 13.7 | 14.3 | 18 | 8.6 | 7.3 | 19.1 | 3.5 | 6.0 | 12.6 |
| 规划工况3 | 3.8 | 6.6 | 8.2 | 1.1 | 8.2 | 8.1 | 3.3 | -0.2 | 8.8 | 0.1 | 2.3 | 3.6 |
| 规划工况4 | 8.2 | 15.0 | 20.0 | 4.2 | 15 | 20.4 | 7.5 | 6.8 | 20.1 | 3.0 | 5.4 | 13.8 |

## 5.4.1.2　平均水位

图5.5给出了4类设计暴雨情景下11套计算方案中太湖全年、汛期平均水位,表5.5进一步给出了各计算方案太湖全年、汛期平均水位相对于基础方案的降低值,结合图5.5可知:随着调度方案和工程布局的逐步优化和完善,太湖全年和汛期平均水位总体而言呈现降低趋势。相对于基础方案,方案2、方案3对太湖全年和汛期平均水位的

影响较小;方案4、方案5则显著降低了太湖汛期平均水位(方案4、方案5分别降低太湖全年平均水位达1.7~2.5 cm、4.5~5.6 cm,降低太湖汛期平均水位则分别达1.4~3.6 cm、4.4~7.8 cm);在方案7的基础上,方案8一定程度上抬升了太湖全年、汛期平均水位(抬升幅度分别达2.8~4.1 cm、2.2~4.3 cm);在方案8的基础上,方案9较大幅度降低了太湖全年和汛期平均水位(降低幅度分别为1.9~2.8 cm、5.1~7.2 cm);在方案8的基础上,方案10可小幅降低太湖水位,影响总体较小;方案11对太湖水位的降低效果与方案9相当。

城市优化调度对太湖全年和汛期平均水位几乎没有影响,区域优化调度可较大幅度降低太湖全年和汛期平均水位;区域性工程措施可小幅降低太湖全年和汛期平均水位,而强化太湖洪水外排的工程措施可显著降低太湖全年和汛期平均水位。综合来看,区域优化调度及强化太湖洪水外排的工程措施对太湖全年、汛期平均水位均有明显降低作用,能较大程度地强化流域、区域和城市防洪除涝的协同性。

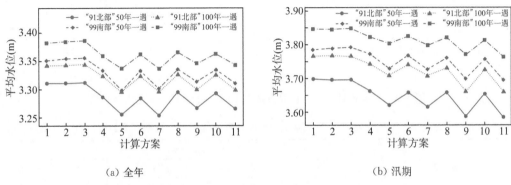

图5.5　不同设计暴雨和计算方案下太湖全年及汛期平均水位

表5.5　不同计算方案下太湖全年、汛期平均水位相对于基础方案的降低值　　单位:cm

| 计算方案 | 设计暴雨类型 | | | | | | | |
|---|---|---|---|---|---|---|---|---|
| | "91北部"50年一遇 | | "99南部"50年一遇 | | "91北部"100年一遇 | | "99南部"100年一遇 | |
| | 全年 | 汛期 | 全年 | 汛期 | 全年 | 汛期 | 全年 | 汛期 |
| 城市优化方案1 | 0.0 | 0.1 | −0.4 | −0.4 | −0.1 | −0.1 | −0.2 | 0.1 |
| 城市优化方案2 | −0.1 | 0.2 | −0.5 | −0.6 | −0.2 | 0.1 | −0.4 | −0.1 |
| 区域优化方案1 | 2.5 | 3.6 | 1.7 | 1.4 | 1.9 | 2.5 | 2.3 | 2.4 |
| 区域优化方案2 | 5.6 | 7.8 | 5.3 | 5.6 | 4.6 | 5.9 | 4.5 | 4.4 |
| 城市、区域优化方案1 | 2.7 | 4.0 | 1.8 | 1.8 | 1.9 | 2.6 | 2.0 | 2.2 |
| 城市、区域优化方案2 | 5.7 | 8.2 | 5.0 | 6.0 | 4.6 | 5.9 | 4.5 | 4.8 |
| 规划工况1 | 1.6 | 3.9 | 1.5 | 2.6 | 1.6 | 3.6 | 1.7 | 2.6 |
| 规划工况2 | 4.4 | 11.1 | 3.7 | 8.6 | 4.3 | 10.6 | 3.6 | 7.7 |
| 规划工况3 | 1.8 | 4.4 | 1.6 | 2.6 | 1.7 | 4.0 | 2.0 | 3.3 |
| 规划工况4 | 4.5 | 11.3 | 4.0 | 9.1 | 4.3 | 10.8 | 3.9 | 8.1 |

### 5.4.1.3 超定量水位日数

警戒水位(3.80 m)和保证水位(4.65 m)是表征太湖高水位的两个重要指标。图5.6、图5.7分别给出了4种设计暴雨情景下不同方案计算结果中太湖汛期超警戒水位日数和超保证水位日数。由图5.6可知,方案2和方案3对太湖汛期超警戒水位日数几乎没有影响,仅在"99南部"设计暴雨条件下增加太湖汛期超警戒日数1~2天;相比之下,方案4和方案5可较明显地减少太湖汛期超警戒日数(相比于基础方案可减少2~5天);方案6、方案7的效果与方案4、方案5相当;在方案7的基础上,方案8略增加了太湖汛期超警戒水位日数;在方案8的基础上,方案9显著减少了汛期超警戒水位日数(5~10天);在方案8的基础上,方案10可减少超警戒水位日数1~2天。由图5.7可知,从太湖超保证水位日数来看,"91北部"50年一遇的方案对应的汛期太湖水位超保证日数均为0;在其余3种雨型中,相比于基础方案,方案2和方案3均减少太湖汛期超保证日数0~1天,方案4、方案5则减少2~4天;在方案7的基础上,方案8增加超保证日数0~4天;在方案8的基础上,方案9可显著减少超保证日数(4~12天)。

因此,区域优化调度和强化太湖外排的工程措施可显著减少太湖超警戒、保证水位日数,而区域性工程措施仅可小幅度减少相应日数。

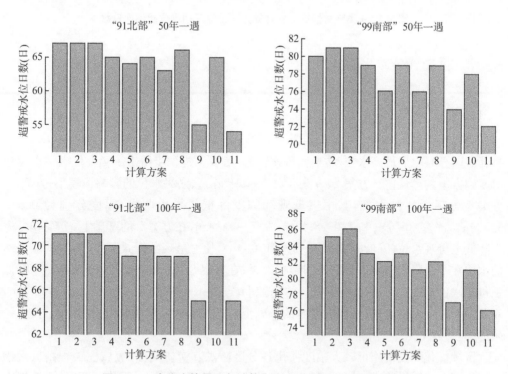

**图5.6 4类降水情景下各计算方案太湖汛期水位超警戒日数**

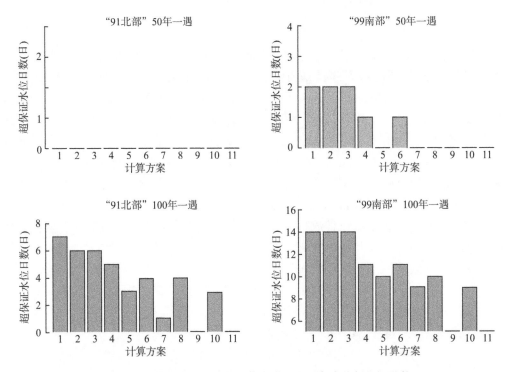

**图 5.7　4 类降水情景下各计算方案太湖汛期水位超保证日数**

## 5.4.2　区域代表站水位

### 5.4.2.1　最高水位

图 5.8 给出了 4 类设计暴雨情景下 11 套计算方案中的各分区代表站王母观、陈墅、陈墓、嘉兴汛期最高水位(本节简称水位)。表 5.6 进一步给出了 4 个代表站水位相对基础方案的降低值。方案 2、方案 3 对王母观、陈墓、嘉兴水位的影响均较小;方案 4、方案 5 可降低 4 站水位,其中王母观和陈墅降低效果更明显,幅度分别为 0.5～6.5 cm、0.7～13.7 cm 和 1.0～8.2 cm、3.7～9.7 cm;在方案 7 的基础上,方案 8 可极大降低王母观水位(降低幅度达 45.5～61.6 cm),使之呈现断崖式下跌,而对其他 3 站的水位在不同降水条件下具有不同影响效果;在方案 8 的基础上,方案 9 可进一步降低王母观水位 0.6～2.5 cm;在方案 8 的基础上,方案 10 可降低陈墅水位 2.7～8.2 cm,对其他分区水位影响很小;在方案 8 的基础上,方案 10 可明显降低陈墅水位,对其他各站的影响较小。

区域优化调度措施可较大幅度强化各分区防洪除涝协同性,流域性工程则极大幅度增强湖西区防洪除涝协同性,强化太湖外排能力的工程可同时强化湖西区、武澄锡虞区和阳澄淀泖区防洪除涝协同性,但效果有一定差异;武澄锡虞区内区域性工程的实施仅对增强武澄锡虞区的防洪除涝协同性有一定作用。

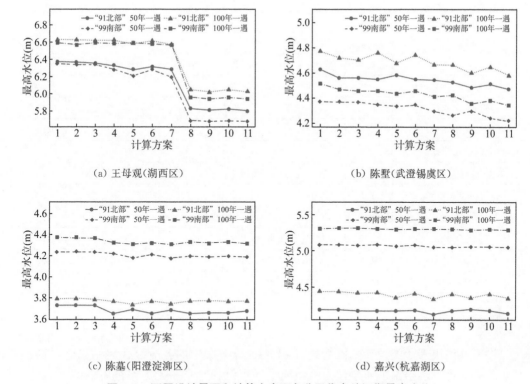

（a）王母观（湖西区）　　　　　　　　　（b）陈墅（武澄锡虞区）

（c）陈墓（阳澄淀泖区）　　　　　　　　（d）嘉兴（杭嘉湖区）

**图 5.8　不同设计暴雨和计算方案下各分区代表站汛期最高水位**

**表 5.6　不同计算方案下各分区代表站汛期最高水位相对于基础方案的降低值**　单位：cm

| 计算方案 | 设计暴雨类型 | | | | | | | |
|---|---|---|---|---|---|---|---|---|
| | "91 北部"50 年一遇 | | | | "99 南部"50 年一遇 | | | |
| | 王母观 | 陈墅 | 陈墓 | 嘉兴 | 王母观 | 陈墅 | 陈墓 | 嘉兴 |
| 城市优化方案 1 | 0.9 | 6.5 | −0.1 | 0.2 | 0.6 | 0.0 | −0.6 | −0.3 |
| 城市优化方案 2 | 1.6 | 6.5 | −0.2 | 1.4 | 0.9 | 0.4 | −0.9 | 0.6 |
| 区域优化方案 1 | 4.3 | 8.2 | 7.6 | 0.9 | 6.5 | 2.0 | 1.1 | 0.9 |
| 区域优化方案 2 | 8.9 | 4.5 | 4.0 | 1.4 | 13.7 | 3.7 | 5.2 | 2.4 |
| 城市、区域优化方案 1 | 5.3 | 7.9 | 7.7 | 1.2 | 6.5 | 2.4 | 1.9 | 1.0 |
| 城市、区域优化方案 2 | 8.6 | 8.2 | 4.2 | 6.6 | 14.6 | 7.3 | 5.5 | 3.7 |
| 规划工况 1 | 54.1 | 10.3 | 7.2 | 1.7 | 66.1 | 10.4 | 3.8 | 3.2 |
| 规划工况 2 | 56.5 | 14.3 | 6.8 | 0.2 | 66.7 | 7.1 | 3.9 | 3.5 |
| 规划工况 3 | 54.4 | 11.8 | 7.2 | 1.7 | 66.2 | 12.9 | 3.6 | 3.1 |
| 规划工况 4 | 56.7 | 15.9 | 4.8 | 4.9 | 66.3 | 15.4 | 4.1 | 3.9 |

| 计算方案 | 设计暴雨类型 | | | | | | | |
|---|---|---|---|---|---|---|---|---|
| | "91北部"100年一遇 | | | | "99南部"100年一遇 | | | |
| | 王母观 | 陈墅 | 陈墓 | 嘉兴 | 王母观 | 陈墅 | 陈墓 | 嘉兴 |
| 城市优化方案1 | 0.2 | 5.4 | −0.3 | 1.4 | 2.6 | 5.3 | 0.0 | −0.8 |
| 城市优化方案2 | 1.1 | 7.0 | 0.3 | 2.9 | 0.4 | 6.3 | 0.0 | −1.0 |
| 区域优化方案1 | 0.5 | 1.0 | 2.6 | 2.2 | 1.2 | 5.8 | 4.5 | 1.1 |
| 区域优化方案2 | 4.3 | 9.7 | 5.4 | 8.8 | 0.7 | 8.4 | 6.1 | 1.3 |
| 城市、区域优化方案1 | 1.6 | 2.8 | 2.5 | 3.9 | 1.7 | 6.7 | 4.6 | 0.5 |
| 城市、区域优化方案2 | 5.4 | 10.5 | 4.5 | 10.5 | 1.8 | 11.3 | 6.4 | 1.3 |
| 规划工况1 | 58.0 | 10.6 | 1.9 | 4.0 | 63.4 | 9.6 | 3.7 | 0.8 |
| 规划工况2 | 60.5 | 17.5 | 1.6 | 9.3 | 65.3 | 16.5 | 1.6 | 1.6 |
| 规划工况3 | 58.1 | 12.1 | 2.4 | 4.2 | 63.6 | 13.8 | 3.8 | 0.8 |
| 规划工况4 | 60.4 | 18.6 | 2.0 | 9.7 | 64.6 | 17.8 | 5.2 | 1.5 |

#### 5.4.2.2 平均水位

图5.9给出了4类设计暴雨情景下11套计算方案中的各分区代表站汛期平均水位。表5.7进一步给出了4个代表站汛期平均水位相对于基础方案的降低值,结合图5.9可知:方案4和方案5可大幅降低各分区汛期平均水位,湖西区水位对比基础方案降低幅度分别为2.6～4.2 cm、5.8～10.0 cm;武澄锡虞区降低幅度总体更大,分别为4.2～4.6 cm、7.4～9.8 cm;阳澄淀泖区、杭嘉湖区总体最小。在方案7的基础上,方案8可进一步大幅度降低王母观站汛期平均水位(降低幅度达5.5～9.8 cm),对陈墅站汛期平均水位影响较小。在方案8的基础上,方案9可进一步降低湖西区、武澄锡虞区、阳澄淀泖区、杭嘉湖区代表站汛期平均水位1.8～2.6 cm、2.1～3.1 cm、0.2～1.2 cm、0.6～1.4 cm。此外,在方案8的基础上,方案10可降低武澄锡虞区代表站陈墅汛期水位1.0～2.0 cm,对其他分区水位影响很小。

区域优化调度可显著强化各分区防洪除涝协同性,流域性工程措施对强化湖西区防洪除涝协同性作用较明显,而强化太湖外排的工程措施则同时强化了4个分区的防洪除涝协同性。

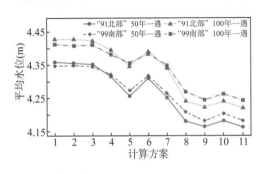

(a) 王母观(湖西区)

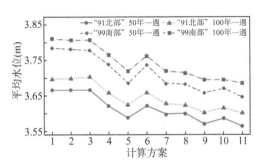

(b) 陈墅(武澄锡虞区)

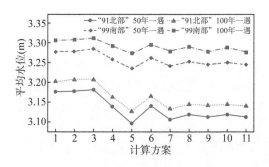

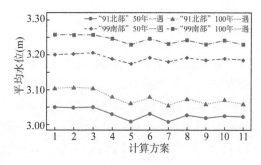

(c) 陈墓(阳澄淀泖区)　　　　　　　　　　　(d) 嘉兴(杭嘉湖区)

**图 5.9　不同设计暴雨和计算方案下各分区代表站汛期平均水位**

**表 5.7　不同计算方案下各分区代表站汛期平均水位相对于基础方案的降低值**　单位:cm

| 计算方案 | 设计暴雨类型 | | | | | | | |
|---|---|---|---|---|---|---|---|---|
| | "91北部"50年一遇 | | | | "99南部"50年一遇 | | | |
| | 王母观 | 陈墅 | 陈墓 | 嘉兴 | 王母观 | 陈墅 | 陈墓 | 嘉兴 |
| 城市优化方案1 | 0.3 | −0.2 | −0.1 | −0.1 | −0.1 | 0.3 | −0.4 | −0.3 |
| 城市优化方案2 | 0.6 | −0.2 | −0.6 | −0.1 | 0.3 | 0.5 | −0.9 | −0.4 |
| 区域优化方案1 | 4.2 | 4.2 | 3.8 | 1.8 | 2.6 | 4.6 | 1.8 | 1.2 |
| 区域优化方案2 | 10.0 | 7.4 | 7.9 | 4.0 | 7.5 | 9.8 | 4.0 | 2.6 |
| 城市、区域优化方案1 | 4.6 | 4.1 | 3.6 | 1.8 | 2.9 | 5.0 | 1.4 | 0.9 |
| 城市、区域优化方案2 | 10.6 | 6.5 | 7.0 | 4.1 | 8.5 | 10.0 | 3.3 | 2.0 |
| 规划工况1 | 17.5 | 6.3 | 5.6 | 2.3 | 14.0 | 10.1 | 2.3 | 0.9 |
| 规划工况2 | 19.3 | 9.4 | 6.4 | 2.9 | 16.6 | 12.8 | 3.1 | 1.5 |
| 规划工况3 | 17.6 | 7.7 | 5.8 | 2.5 | 14.3 | 11.3 | 2.6 | 1.1 |
| 规划工况4 | 19.6 | 10.0 | 6.3 | 2.8 | 16.5 | 13.8 | 3.1 | 1.5 |
| 计算方案 | 设计暴雨类型 | | | | | | | |
| | "91北部"100年一遇 | | | | "99南部"100年一遇 | | | |
| | 王母观 | 陈墅 | 陈墓 | 嘉兴 | 王母观 | 陈墅 | 陈墓 | 嘉兴 |
| 城市优化方案1 | 0.1 | −0.2 | −0.6 | −0.1 | 0.3 | 0.3 | −0.4 | −0.1 |
| 城市优化方案2 | 0.5 | −0.4 | −0.7 | 0.1 | 0.3 | 0.3 | −0.6 | −0.1 |
| 区域优化方案1 | 3.1 | 4.0 | 3.9 | 2.5 | 2.9 | 4.4 | 1.3 | 1.1 |
| 区域优化方案2 | 8.2 | 7.5 | 7.4 | 4.7 | 5.8 | 9.0 | 3.1 | 2.9 |
| 城市、区域优化方案1 | 3.6 | 4.0 | 3.6 | 2.7 | 2.9 | 4.8 | 0.9 | 1.2 |
| 城市、区域优化方案2 | 8.8 | 6.9 | 6.7 | 5.0 | 6.4 | 9.0 | 2.6 | 2.6 |
| 规划工况1 | 18.6 | 7.3 | 5.6 | 3.2 | 14.4 | 9.3 | 1.4 | 1.4 |
| 规划工况2 | 20.6 | 9.4 | 5.8 | 4.6 | 16.8 | 11.4 | 2.6 | 2.7 |
| 规划工况3 | 18.8 | 8.3 | 5.7 | 3.5 | 14.9 | 11.3 | 1.8 | 1.6 |
| 规划工况4 | 20.8 | 9.7 | 6.1 | 4.8 | 17.0 | 12.3 | 2.8 | 2.7 |

### 5.4.3　城内外水位差

本节选择无锡作为典型城市,分析了其防洪包围圈的内外水位差(外部水位减去内部水位)。由于城市防洪包围圈内外水位差主要体现在汛期集中降水期间,故本节在分析时所选取的时段主要是 1991 年、1999 年典型设计暴雨的集中降水期,根据 91 和 99 设计暴雨时程分配,"91 北部"50 年一遇和 100 年一遇设计暴雨为 6 月 8 日—6 月 19 日、6 月 30 日—7 月 14 日,"99 南部"50 年一遇和 100 年一遇设计暴雨为 6 月 7 日—7 月 2 日。

无锡城市防洪工程包围圈在 4 类设计暴雨情景下集中降水期间的内外水位差箱线图,如图 5.10 所示。相比于基础方案,方案 2、方案 3 以及方案 4、方案 5 均可明显降低城内外水位差的均值和最大值;相比于方案 7,方案 8~方案 11 对城内外水位差影响总体较小。综上所述,城市优化方案和区域优化方案均可缩小城内外水位差,有利于强化防洪除涝的协同性,但城市优化方案效果更明显,工程布局措施对城内外水位差的影响总体很小。

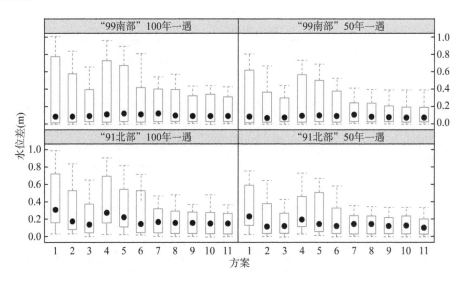

图 5.10　各计算方案集中降水期间无锡大包围内外水位差箱线图

## 5.5　基于水量要素的协同性影响分析

### 5.5.1　流域外排水量

以太浦河外排为例,图 5.11 给出了太浦闸在 4 类设计暴雨情景下的汛期排水量。表 5.8 进一步给出了各计算方案下太浦闸汛期排水量的比较情况。由图表可知,相对于基础方案,方案 2、方案 3 对太浦闸汛期排水量影响相对较小;方案 4、方案 5 较大幅度减少汛期排水量,尤其是在"91 北部"年型下分别减少太浦闸汛期排水量 0.96 亿~

1.45 亿 m³、3.05 亿～3.26 亿 m³。在方案 8 的基础上,方案 9 可显著增加汛期排水量(其中在"91 北部"年型下增加幅度达 1.41 亿～3.46 亿 m³)。

区域优化调度由于增加了区域外排,从而减少了太浦闸的排水压力,流域性工程的实施可较大幅度增加太浦闸汛期排水,而强化太湖外排的工程则能极大幅度增加尤其是"91 北部"年型下的汛期排水,这些工程对强化防洪除涝协同性具有较好的效果。

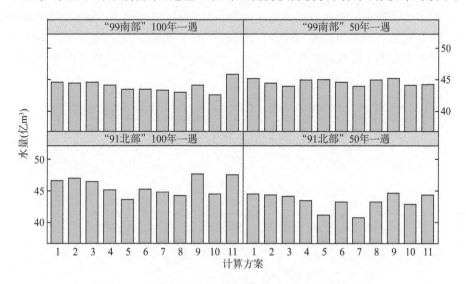

**图 5.11　不同降水年型下各计算方案太浦闸汛期排水量**

表 5.8　不同设计暴雨情景下各计算方案太浦闸汛期排水量比较　　　单位:亿 m³

| 方案比较 | 设计暴雨 | | | |
| --- | --- | --- | --- | --- |
| | "91 北部"50 年一遇 | "99 南部"50 年一遇 | "91 北部"100 年一遇 | "99 南部"100 年一遇 |
| 城市 1—基础 | −0.11 | −0.77 | 0.36 | −0.12 |
| 城市 2—基础 | −0.29 | −1.16 | −0.16 | 0.05 |
| 区域 1—基础 | −0.96 | −0.17 | −1.45 | −0.54 |
| 区域 2—基础 | −3.26 | −0.15 | −3.05 | −1.16 |
| 城市、区域 1—基础 | −1.26 | −0.49 | −1.43 | −1.16 |
| 城市、区域 2—基础 | −3.77 | −1.15 | −1.81 | −1.22 |
| 规划 1—城市、区域 2 | 2.59 | 0.92 | −0.63 | −0.36 |
| 规划 2—规划 1 | 1.41 | 0.30 | 3.46 | 1.04 |
| 规划 3—规划 1 | −0.47 | −0.73 | 0.25 | −0.34 |
| 规划 4—规划 1 | 1.00 | −0.65 | 3.35 | 2.86 |

## 5.5.2　分区外排水量

本书研究区域包括湖西区、武澄锡虞区、阳澄淀泖区、杭嘉湖区这 4 个典型分区,限于篇幅,图 5.12 给出了阳澄淀泖区在 4 类设计暴雨情景下的汛期北排水量。表 5.9 进一步给出了各计算方案下阳澄淀泖区沿江口门北排水量的比较情况。由图表可知,相对于基础方案,方案 4、方案 5 大幅增加了北排水量(增加幅度分别为 1.30 亿~3.44 亿 $m^3$、3.66 亿~5.88 亿 $m^3$);在方案 7 的基础上,方案 8 进一步增加北排水量为 0.38 亿~0.94 亿 $m^3$;在方案 8 的基础上,方案 9 则减少北排水量 0.24 亿~0.89 亿 $m^3$。

区域优化调度对扩大区域的外排水量更具有直接的效果。流域性工程的实施仅在一定程度上增加了分区的外排,而强化流域外排的工程措施由于增加了流域的外排而在一定程度上减少了区域的洪涝外排压力。因此,区域优化调度是强化防洪除涝协同性的有效措施。

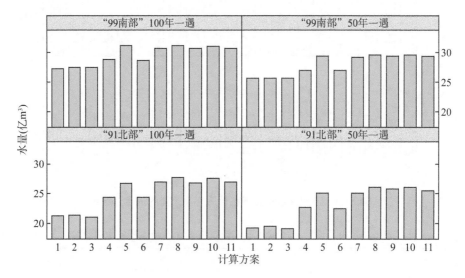

**图 5.12  4 类设计暴雨情景下各计算方案阳澄淀泖区汛期沿江北排水量**

表 5.9  各计算方案下阳澄淀泖区沿江口门北排水量比较  单位:亿 $m^3$

| 方案比较 | 设计暴雨 | | | |
|---|---|---|---|---|
| | "91 北部"<br>50 年一遇 | "99 南部"<br>50 年一遇 | "91 北部"<br>100 年一遇 | "99 南部"<br>100 年一遇 |
| 城市 1—基础 | 0.12 | −0.07 | 0.02 | 0.20 |
| 城市 2—基础 | −0.07 | −0.02 | −0.14 | 0.16 |
| 区域 1—基础 | 3.44 | 1.30 | 3.13 | 1.57 |
| 区域 2—基础 | 5.88 | 3.66 | 5.48 | 3.85 |
| 城市、区域 1—基础 | 3.29 | 1.28 | 3.10 | 1.37 |
| 城市、区域 2—基础 | 5.92 | 3.45 | 5.79 | 3.43 |
| 规划 1—城市、区域 2 | 0.94 | 0.38 | 0.71 | 0.40 |
| 规划 2—规划 1 | −0.29 | −0.24 | −0.89 | −0.39 |
| 规划 3—规划 1 | −0.05 | −0.05 | −0.07 | −0.05 |
| 规划 4—规划 1 | −0.61 | −0.27 | −0.73 | −0.42 |

### 5.5.3 城市外排水量

本书研究典型城市包括苏州、无锡、常州、嘉兴,限于篇幅,以苏州城防大包围汛期排水统计成果为例展开分析。图 5.13 给出了苏州市中心城区防洪大包围在 4 类暴雨情景下的汛期排水量。表 5.10 给出了各方案汛期排水量的对比情况(同时也对比了沿运河泵站的情况)。相对于基础方案,城市优化调度方案 1 和方案 2 可显著减少大包围总体泵排水量,减少幅度分别约为 0.47 亿~0.60 亿 $m^3$、1.54 亿~1.75 亿 $m^3$,区域优化方案的减少幅度相对较小;后续工程措施对大包围外排水量的影响均很小。各方案沿运河泵站汛期排水和总排水量的变化较为一致。

城市优化调度由于抬升了城内控制水位,分担了部分洪涝,可显著减少大包围汛期排水量,区域优化调度的低减排效果次之(区域优化调度扩大了整体外排水量,产生的防洪除涝效益也客观上影响了城市洪涝外排)。这些措施均有利于强化防洪除涝协同性。

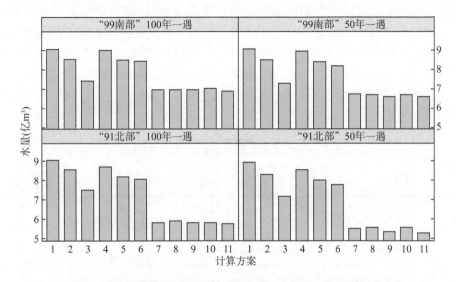

**图 5.13　不同计算方案下苏州中心城区防洪大包围汛期泵站外排水量**

**表 5.10　不同计算方案下汛期苏州大包围及沿运河泵站排水量比较情况**　　单位:亿 $m^3$

| 方案比较 | 设计暴雨类型 | | | | | | | |
|---|---|---|---|---|---|---|---|---|
| | "99 南部"100年一遇 | | "99 南部"50年一遇 | | "91 北部"100年一遇 | | "91 北部"50年一遇 | |
| | 总 | 运河 | 总 | 运河 | 总 | 运河 | 总 | 运河 |
| 城市 1—基础 | −0.50 | −0.32 | −0.56 | −0.35 | −0.47 | −0.29 | −0.60 | −0.37 |
| 城市 2—基础 | −1.62 | −1.00 | −1.75 | −1.07 | −1.54 | −0.95 | −1.74 | −1.07 |
| 区域 1—基础 | −0.07 | −0.04 | −0.07 | −0.04 | −0.33 | −0.21 | −0.34 | −0.21 |
| 区域 2—基础 | −0.55 | −0.34 | −0.61 | −0.38 | −0.87 | −0.53 | −0.87 | −0.53 |
| 城市、区域 1—基础 | −0.63 | −0.39 | −0.84 | −0.52 | −1.01 | −0.62 | −1.14 | −0.70 |
| 城市、区域 2—基础 | −2.09 | −1.29 | −2.29 | −1.41 | −3.22 | −1.97 | −3.42 | −2.09 |
| 规划 1—城市、区域 2 | 0.00 | 0.00 | −0.06 | −0.04 | 0.07 | 0.04 | 0.07 | 0.04 |

| 方案比较 | 设计暴雨类型 | | | | | | | |
|---|---|---|---|---|---|---|---|---|
| | "99南部"100年一遇 | | "99南部"50年一遇 | | "91北部"100年一遇 | | "91北部"50年一遇 | |
| | 总 | 运河 | 总 | 运河 | 总 | 运河 | 总 | 运河 |
| 规划2—规划1 | 0.00 | 0.00 | −0.07 | −0.05 | −0.07 | −0.04 | −0.20 | −0.12 |
| 规划3—规划1 | 0.07 | 0.04 | 0.00 | 0.00 | −0.07 | −0.04 | 0.00 | 0.00 |
| 规划4—规划1 | −0.07 | −0.04 | −0.07 | −0.05 | −0.13 | −0.08 | −0.27 | −0.16 |

### 5.5.4 运河断面水量

以运河常州(三)断面为例,剖析了不同方案下的汛期过水量,比较情况见图5.14和表5.11。由图表可知,受上游城市沿运河排涝减少的影响,相比于基础方案,城市优化调度方案1和方案2可以较大幅度减少该站汛期通过水量(减少幅度分别达0.43亿~0.96亿 m³、1.03亿~1.85亿 m³);区域优化方案也有减少效益但幅度略小,城市、区域同时优化则效果更为明显。后续工程措施方案中,流域性工程的实施进一步大幅减少通过水量(减少幅度达1.12亿~1.70亿 m³),其他工程措施方案对该站通过水量的影响均较小。

城市优化、区域优化以及流域性工程的实施均可较大幅度减少运河汛期通过水量,这些调度和工程措施有利于强化防洪除涝的协同性。

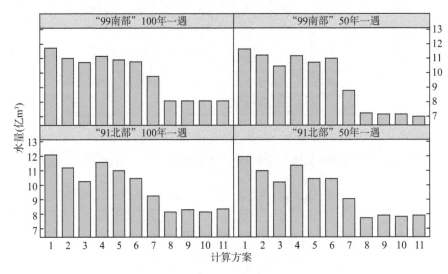

**图 5.14　不同计算方案下大运河常州(三)汛期通过水量**

**表 5.11　各计算方案下运河常州(三)汛期通过水量比较情况**　　　单位:亿 m³

| 方案比较 | 设计暴雨类型 | | | |
|---|---|---|---|---|
| | "91北部"50年一遇 | "99南部"50年一遇 | "91北部"100年一遇 | "99南部"100年一遇 |
| 城市1—基础 | −0.96 | −0.43 | −0.91 | −0.77 |
| 城市2—基础 | −1.77 | −1.20 | −1.85 | −1.03 |

| 方案比较 | 设计暴雨类型 | | | |
|---|---|---|---|---|
| | "91北部"<br>50年一遇 | "99南部"<br>50年一遇 | "91北部"<br>100年一遇 | "99南部"<br>100年一遇 |
| 区域1—基础 | −0.60 | −0.48 | −0.53 | −0.55 |
| 区域2—基础 | −1.50 | −0.92 | −1.10 | −0.87 |
| 城市、区域1—基础 | −1.54 | −0.67 | −1.64 | −0.97 |
| 城市、区域2—基础 | −2.92 | −2.87 | −2.87 | −1.96 |
| 规划1—城市、区域2 | −1.30 | −1.57 | −1.12 | −1.70 |
| 规划2—规划1 | 0.15 | −0.09 | 0.18 | 0.01 |
| 规划3—规划1 | 0.07 | −0.06 | 0.01 | 0.00 |
| 规划4—规划1 | 0.18 | −0.23 | 0.21 | 0.00 |

## 5.6 防洪除涝协同性定量评价及综合应对措施

基于模型计算成果,统计了各计算方案下流域、区域和城市水位和水量作为备选的评价指标体系。分别针对流域和区域、流域和城市、区域和城市,设定了相应的综合评价指标体系并给相应指标赋权,采用TOPSIS综合评价模型评价了各计算方案下防洪除涝的协同性。TOPSIS模型的评价依据主要是看方案距离最优解和最劣解的相对距离,距离最优解最近的方案被认为是最优方案。本小节内容主要包括了指标评价因子的筛选和赋权及最优和最劣解的定义和评价结果的排序。

### 5.6.1 协同性指标体系权重

当依据多个因子对某对象进行评价时需要对各属性赋权,目前多属性权重确定一般包括两类方法:主观赋权和客观赋权。主观赋权反映了决策者的偏好;客观赋权则依据决策矩阵信息,客观赋权法包括回归分析、神经网络等算法,这些方法需事先知道综合评价值和意见,并不适用于本书的研究。本书拟采用主观赋权法分别对流域和区域、流域和城市、区域和城市的评价指标体系设定相应权重,赋权依据为各指标的重要性。

#### 5.6.1.1 流域—区域

当前,流域—区域防洪除涝协同性问题主要是流域外排工程能力不足导致流域防洪除涝压力较大,以及区域防洪除涝能力不足导致区域水位过高。太湖水位、"两河"(望虞河与太浦河)排水量对流域防洪除涝至关重要。太湖水位越低,"两河"排水量越大,则流域整体防洪除涝压力越小,调蓄能力越大,相应流域—区域防洪除涝协同性越好。与流域层面相对,在区域层面,各分区水位越低、外排水量越大可缓解区域防洪除涝压力,对流域—区域协同性有利。因此,将以上指标纳入协同性评价体系,在赋予相应权重的同时指定了因子的正向性(正向代表越大协同性越好,负向代表越小协同性越好),具体结果如表5.12所示。

表 5.12　流域—区域防洪除涝协同性评价指标因子赋权

| 评价指标体系 | | | 权重 | 正向/负向 |
|---|---|---|---|---|
| 流域<br>（权重：0.5） | 太湖水位（m） | 最高水位 | 0.150 0 | — |
| | | 平均水位 | 0.150 0 | — |
| | "两河"<br>排水量（亿 m³） | 望虞河 | 0.100 0 | + |
| | | 太浦河 | 0.100 0 | + |
| 区域<br>（权重：0.5） | 代表站最高<br>水位（m） | 湖西区（王母观） | 0.037 5 | — |
| | | 武澄锡虞区（陈墅） | 0.037 5 | — |
| | | 阳澄淀泖区（陈墓） | 0.037 5 | — |
| | | 杭嘉湖区（嘉兴） | 0.037 5 | — |
| | 代表站平均<br>水位（m） | 湖西区（王母观） | 0.037 5 | — |
| | | 武澄锡虞区（陈墅） | 0.037 5 | — |
| | | 阳澄淀泖区（陈墓） | 0.037 5 | — |
| | | 杭嘉湖区（嘉兴） | 0.037 5 | — |
| | 区域外排水量<br>（亿 m³） | 湖西区 | 0.050 0 | + |
| | | 武澄锡虞区 | 0.050 0 | + |
| | | 阳澄淀泖区 | 0.050 0 | + |
| | | 杭嘉湖区 | 0.050 0 | + |

### 5.6.1.2　流域—城市

现状流域—城市防洪除涝协同性问题主要是城市外排水量过多导致城市外围（如江南运河）防洪除涝压力过大，运河水位过高。因此，在流域—城市协同性评价指标体系中加入运河断面过水量以及城市外排水量等指标，流域—城市防洪除涝协同性指标体系如表 5.13 所示。

表 5.13　流域—城市防洪除涝协同性评价指标因子赋权

| 评价指标 | | | 权重 | 正向/负向 |
|---|---|---|---|---|
| 流域 | 太湖水位（m） | 最高水位 | 0.150 | — |
| | | 平均水位 | 0.150 | — |
| | "两河"排水量<br>（亿 m³） | 望虞河 | 0.100 | + |
| | | 太浦河 | 0.100 | + |
| 城市 | 运河断面过水量<br>（亿 m³） | 常州（三） | 0.067 | — |
| | | 洛社 | 0.067 | — |
| | | 王江泾 | 0.067 | — |
| | 城市外排水量<br>（亿 m³） | 苏州 | 0.075 | — |
| | | 无锡 | 0.075 | — |
| | | 常州 | 0.075 | — |
| | | 嘉兴 | 0.075 | — |

#### 5.6.1.3 区域—城市

现状区域—城市防洪除涝协同性问题主要是城市外排水量过多导致城市外围防洪除涝压力较大。因此,在区域—城市协同性评价指标体系中应考虑区域水位、区域外排水量及城市大包围外排水量。各指标正负属性如下:区域外排水量越大、区域水位越低、城市外排水量越小则防洪除涝协同性越好。区域—城市防洪除涝协同性指标体系如表5.14所示。

表 5.14　区域—城市防洪除涝协同性评价指标因子赋权

| 评价指标 | | | 权重 | 正向/负向 |
|---|---|---|---|---|
| 区域 | 区域代表站最高水位(m) | 湖西区(王母观) | 0.05 | — |
| | | 武澄锡虞区(陈墅) | 0.05 | — |
| | | 阳澄淀泖区(陈墓) | 0.05 | — |
| | | 杭嘉湖区(嘉兴) | 0.05 | — |
| | 区域代表站平均水位(m) | 湖西区(王母观) | 0.05 | — |
| | | 武澄锡虞区(陈墅) | 0.05 | — |
| | | 阳澄淀泖区(陈墓) | 0.05 | — |
| | | 杭嘉湖区(嘉兴) | 0.05 | — |
| | 区域外排水量(亿m³) | 湖西区 | 0.05 | + |
| | | 武澄锡虞区 | 0.05 | + |
| | | 阳澄淀泖区 | 0.05 | + |
| | | 杭嘉湖区 | 0.05 | + |
| 城市 | 城市外排水量(亿m³) | 苏州 | 0.10 | |
| | | 无锡 | 0.10 | |
| | | 常州 | 0.10 | |
| | | 嘉兴 | 0.10 | |

### 5.6.2　协同性评价结果

基于建立的协同性评价指标体系,首先针对各种设计暴雨情景,确定全部计算方案下每一种指标能够实现的最优解(即理想解)和最劣解,如在"91北部"50年一遇设计暴雨条件下,确定11套计算方案中太湖最高水位、平均水位等指标能够达到的最优数值(此处为最低值),同时也确定望虞河、太浦河外排最优数值(此处为最大水量),并将这些数值的组合作为最优解。其次将权重赋给各指标,并采用TOPSIS综合评价模型计算现有各方案距离最优解和最劣解的相对距离,作为协同性评价依据。

#### 5.6.2.1　最优解和最劣解

最优解、最劣解表征了所有备选方案解集合的外包线。以"91北部"50年一遇设计暴雨情景为例,图5.15~图5.17分别给出了赋权后的流域—区域、流域—城市、区域—城市的最优解和最劣解的情况,其中红色、蓝色分别对应最优解、最劣解,若红色点在下方则代表该指标越小越好,反之则是越大越好。由图可知,在流域—区域协同性评价指标体系中,望虞河、太浦河汛期排水量以及区域中的陈墓和陈墅站最高水位的最优解和最劣解差别相对较大;在流域—城市协同性评价指标体系中,主要是不同方案排水量(尤其是大包围排水)差别较大;在区域—城市协同性评价指标体系中,依然是城市大包围排水数据造成的差异较大。

### 5.6.2.2 协同性系数

采用公式(5-7)~(5-9)计算了4类设计暴雨情景下各计算方案的协同性系数并绘制成柱状图,图5.18~图5.20分别为流域—区域、流域—城市、区域—城市防洪除涝协同性系数柱状图。

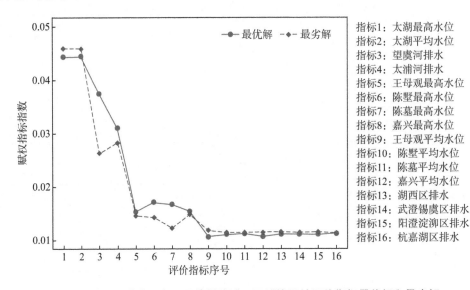

**图5.15 "91北部"50年一遇情景流域—区域协同性评价指标最优解和最劣解**

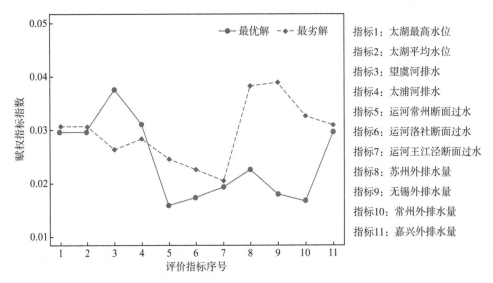

**图5.16 "91北部"50年一遇情景流域—城市协同性评价指标最优解和最劣解**

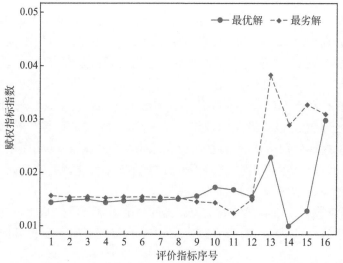

图 5.17 "91 北部"50 年一遇情景区域—城市协同性评价指标最优解和最劣解

由图 5.18 可知,城市优化、区域优化方案对流域—区域协同性提升效果并不明显;流域性工程的实施可较明显提升流域—区域协同性,且在"91 北部"型降水下的提升效果较"99 南部"更明显(分别提升 0.13～0.19、0.05～0.07);强化太湖洪水外排的工程可大幅提升流域—区域协同性系数(幅度达 0.35～0.55),区域性工程措施仅能小幅提升流域—区域的协同性(幅度为 0.04～0.06)。在所有方案中,规划工况 4(即实施全部优化调度方案和工程)的流域—区域协同性系数最高。

总体上,强化太湖外排工程(望虞河后续、太浦河后续和吴淞江行洪工程)的实施对流域—区域防洪除涝协同性的贡献最大,其次则为流域性工程(新沟河、新孟河、杭嘉湖南排以及江南运河拓宽),个别区域性工程的实施以及城市区域优化调度方案对流域—区域防洪除涝协同性的改善效果甚微。

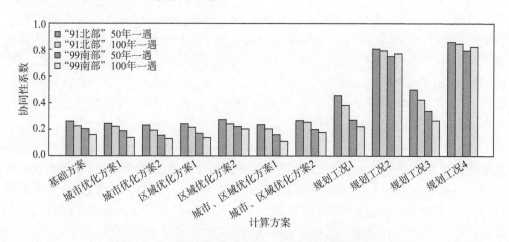

图 5.18 各计算方案下流域—区域防洪除涝协同性系数

由图 5.19 可知,城市优化调度显著提升了流域—城市协同性系数(城市优化方案1、2 提升幅度分别达 0.23~0.30、0.49~0.60),区域优化调度的提升幅度相对较小(区域优化方案 1、2 的幅度分别仅为 0.04~0.10、0.10~0.20);流域性工程也仅小幅提升协同性系数(幅度为 0.06~0.12),而强化太湖外排的工程措施则对系数有较大幅度的提升(幅度为 0.18~0.24)。值得注意的是,在实施了强化太湖外排的工程措施之后,4 类降水情景下的协同性系数已达 0.95 左右,意味着在该工况和调度下,流域—城市各项协同性指标已经逼近理想解,虽然这里的理想解并非现实意义中的理想状况,而是所有设定工况组合中各项指标分别达到的最优值,但这意味着实施城市、区域优化调度措施和实施各项流域、区域骨干防洪工程措施是不矛盾的,在实施优化调度的基础上进一步实施、强化骨干河道排水能力是一个可行的选择。

总体上,可显著提升流域—城市协同性的工程和调度措施为城市优化调度,其次则为强化太湖外排的工程措施,区域优化调度对流域—城市协同性仅具有一定提升作用。

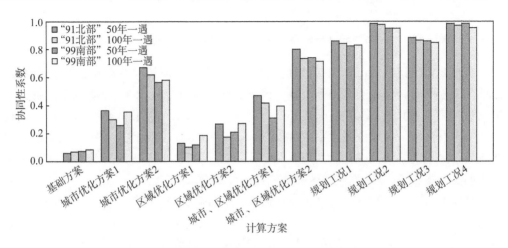

**图 5.19　各计算方案下流域—城市防洪除涝协同性系数**

由图 5.20 可知,城市优化调度可大幅度提升区域—城市协同性(城市优化方案 1、2 分别提升 0.24~0.36、0.55~0.68),区域优化调度提升幅度则相对较小(区域优化方案 1、2 提升幅度分别为 0.05~0.15、0.16~0.25);在工程布局方面,无论是流域、区域性工程,防洪除涝协同性系数均没有明显增长。因此,对区域—城市防洪除涝协同性来说,城市优化调度措施效果十分明显,其次为区域优化调度,而工程措施无论是流域性工程还是区域性工程均效果有限。

根据上述协同性定量评估结果,单从协同性系数来看,同时采用城市、区域优化调度以及各项工程措施可最大限度强化防洪除涝协同性。但各项调度和工程措施对协同性的提升效果是不同的:区域性工程的实施整体上对防洪除涝协同性的提升效果不明显,而其他调度和工程措施对协同性系数均有不同程度较为明显的提升。各措施按提升效果排序:城市优化调度>强化太湖外排能力的工程>流域性行洪工程>区域优化调度。研究结果表明,实施减少城市外排的调度措施以及强化流域外排能力的工程措施是强化防洪除涝协同性、增加整体防洪效益的综合应对措施。

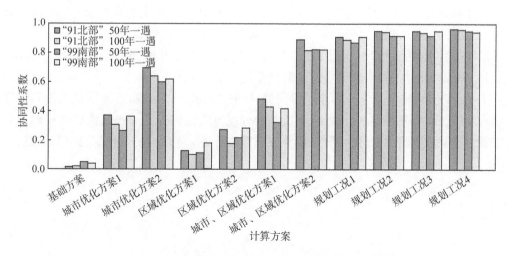

图 5.20　各计算方案下区域—城市防洪除涝协同性系数

## 5.7　小结

本章基于不同防洪除涝工程布局和调度方式组合的计算方案,采用流域水文水动力模型定量模拟了4种降水情景下各方案对应的流域洪涝运动过程,基于多属性决策模型,系统评价了工程布局和调度方式变化对防洪除涝协同性的影响,提出强化防洪除涝协同性的调度、工程等综合应对措施建议,主要研究内容和结论如下。

(1) 依据不同防洪除涝工程布局和调度方式组合,设计了3类共11种计算方案,作为采用水文水动力模型开展洪涝定量模拟的计算情景。其中,第1类方案采用现有的工程布局条件和调度方式;第2类方案在现有的基础上,调整城市和区域洪涝调度方式而不增加新的防洪除涝工程;第3类方案在优化洪涝调度方式的基础上,进一步实施强化太湖洪涝外排的工程、流域性工程和区域性工程。

(2) 采用流域水文水动力模型,定量模拟4种降水情景下11种计算方案对应的流域洪涝运动过程。各计算方案对应的水量、水位要素表明,适当抬升城内排水控制水位可降低城市外围区域和流域防洪除涝压力,且对城市自身影响不大;适当降低太湖流域内沿长江、沿杭州湾水利工程的排水控制水位可有效增加洪涝外排,降低太湖和区域洪涝水位。实施流域、区域外排工程也可在一定程度上强化流域、区域和城市防洪除涝协同性,其中流域性外排工程可大幅增加太湖外排能力,显著降低太湖、区域水位,而区域性工程也可在一定程度上增加本区域外排水量,降低区域水位。

(3) 根据各计算方案下的洪涝水量、水位特征要素,建立了基于多属性决策的防洪除涝协同性综合评价模型,定量评价和比较了各方案对流域、区域和城市防洪除涝协同性的影响。定量评价结果表明,对流域—区域防洪除涝协同性提升最明显的措施是实施强化太湖外排能力的工程(协同性系数提升达 0.35～0.55),其次为流域性工程(协同性系数提升 0.05～0.19);对强化流域—城市协同性来说,城市优化调度措施的效果最为显著(协同性系数提升 0.49～0.60),其次为实施强化太湖外排能力的工程(协同性系数提升 0.18～0.24），优化区域防洪除涝工程调度的效果有限（协同性系数提升 0.10～0.20）；对于强化区域—城市防洪除涝协同性而言，区域、城市的优化调度方式较增加工程措施更为有效（区域、城市优化调度可分别提升协同性系数 0.55～0.68、0.16～0.25，而各工程措施组合的提升幅度均小于 0.10）。

（4）研究得出了强化防洪除涝协同性、提升整体防洪除涝能力的最佳工程和调度措施组合。综合来看，在优化城市防洪除涝调度方式的同时实施强化流域外排能力的工程措施是强化防洪除涝协同性、提升流域整体防洪除涝能力的最佳综合应对措施。

# 第6章

## 结论与展望

# 6.1 主要研究结果

由于流域水文过程的整体性,不同空间层次上的防洪除涝具有内在联系。在我国城镇化进程中,诸多城市与其所在区域及流域的洪涝相互作用与影响愈加显著,不同空间层次上的防洪除涝矛盾较为突出,这是近年来我国洪涝灾害防治中面临的新问题之一。鉴于此,本书以我国城镇化水平较高且大中城市密集的太湖流域为例,开展了快速城镇化背景下流域、区域和城市防洪除涝协同性存在的问题与应对方法研究。在流域城镇化时空演进格局解析和洪涝情势分析的基础上,论述了流域、区域和城市防洪除涝协同性的内涵及存在问题,阐明了强化防洪除涝协同性的技术思路。然后,研究了流域设计暴雨空间分布及与外江潮位组合的协同性。最后,基于水文水动力模型,研究了防洪除涝工程布局、调度方式对防洪除涝协同性的影响,定量评估了在不同防洪除涝工程布局和调度方式情景下防洪除涝的协同程度。本书研究深化了对快速城镇化背景下流域、区域和城市防洪除涝问题的认识,为科学规划工程措施和调度策略、协同流域防洪除涝任务、增加流域整体防洪除涝效益、促进有质量的城镇化提供科学依据,对于优化防洪除涝格局、健全防洪除涝工程体系、提升防洪除涝整体效益,促进城乡协同发展具有重要意义,本书主要研究结果如下。

(1)综合社会经济数据和下垫面特征指数,剖析了 20 世纪 90 年代以来太湖流域城镇化的时空演进格局;基于流域气象水文要素变化规律、城市防洪除涝工程变化和典型洪涝事件对比分析,阐明了快速城镇化背景下流域防洪除涝的情势变化。

①太湖流域城镇化进程具有显著的时间阶段性和鲜明的空间结构性。在时间演进方面,2000 年后太湖流域步入快速城镇化阶段,社会经济指标、下垫面特征指标变化速率较之前大为增加;在空间演进方面,建成区范围的扩张具有两个特征:一是围绕大中城市向周边圈层扩张,二是沿骨干河道和交通干线的线状扩张。流域东部的平原水网地区形成了城市连绵带,是城镇化影响最剧烈的区域。

②气象水文要素的变化表明,太湖流域在未来阶段可能面临更为严峻的防洪除涝形势。一是太湖流域汛期降水和太湖最高水位在年际上均呈增加趋势;二是流域汛期降水在各月的分布有向 6—8 月集中的趋势;三是 2014 年后流域汛期降水进入了偏丰阶段。这些降水、水位要素呈现出的丰枯、高低趋势均可能对下一阶段流域防洪除涝产生不利影响。

③流域、区域和城市防洪除涝工程体系发生了动态调整,不同层面防洪除涝工程建设存在不匹配的问题,与现状防洪除涝需求不协同。防洪除涝工程体系的建设显著提升了流域、区域和城市的防洪除涝能力,但一方面,不少流域和区域性骨干工程尚处于规划论证阶段,滞后于防洪除涝实践的需求;另一方面,城市防洪工程的大规模建设及其无序排涝调度超出了城市外围区域和流域的洪涝承受能力,导致了比较尖锐的防洪除涝矛盾。

④随着城镇化进程不断深入,太湖流域面临的防洪除涝情势仍然比较严峻。从致灾暴雨看,1999 年、2016 年暴雨均比 1991 年对流域防洪除涝更加不利;从 1991 年和

2016年典型洪水的对比来看，虽然太湖流域经过了长期治理，但一旦遭遇极端性强降水事件，防洪除涝形势依然比较严峻，仍面临着太湖与河网代表站水位过高、洪涝外排能力不足等问题，且城市与流域、区域的洪涝矛盾比较突出。

（2）剖析了流域、区域和城市3个层次所需承担的防洪或治涝任务，从设计暴雨洪水、工程布局和调度运用3个方面，论述了流域、区域和城市防洪除涝协同性的内涵和主要要求，剖析了目前太湖流域防洪除涝协同性存在的主要问题，提出了强化防洪除涝协同性的技术思路。

①阐明了流域、区域和城市防洪除涝的内涵。流域、区域和城市防洪除涝的重点既有差异又相互影响。对太湖流域来说，流域防洪除依靠堤防防御沿江沿海洪潮外，更重要的是通过流域性骨干河道将上游和太湖洪水外排至流域界外，同时流域性骨干河道也会承泄部分区域、城市洪涝；区域防洪除涝在依靠区域防洪控制线抵御外部洪水的同时，通过区域性河道将区域（包括区域内城市）产生的涝水排出区域界外；城市防洪除涝则是通过城市外围河道堤防、闸门抵御流域或区域洪水，同时通过泵站等设施及时排泄城市内部雨涝。

②从设计暴雨、工程布局和调度方式这3个角度阐述了太湖流域防洪除涝协同性的内涵，剖析了存在的协同性问题。设计暴雨的协同性问题包含了两个层面，一是流域设计暴雨空间分布的协同性，二是流域设计暴雨与外江潮位组合的协同性，前者为内部设计暴雨的空间协同，后者则是与外部设计条件组合的协同。现状流域设计暴雨在空间分布上不协同，与实际防洪除涝需求不协同；同时，采用典型年实测潮位作为边界条件会忽视外江潮位和域内暴雨之间存在的相依性，导致域内暴雨和外部设计条件的不协同。工程布局方面，现状流域、区域洪涝外排通道不畅、外排能力不足，滞后于城市防洪除涝工程建设。调度管理方面，各分区沿江口门引排调度控制水位设置不合理，限制了流域、区域洪涝及时外排，同时城市防洪包围圈内部控制水位值设定过低，且缺乏协同调度，城市集中排水易超过外围分区与河道的承受能力。

③针对太湖流域防洪除涝协同性存在的问题，提出了强化防洪除涝协同性的技术策略。设计暴雨方面，考虑不同分区雨量分布的遭遇特征以及流域雨量与沿海沿江潮位的遭遇特征，基于联合概率分布函数，确定更加合理的分区雨量空间组合和流域雨量与潮位组合；工程布局方面，需在合理管控城市包围圈工程建设的同时，加快流域、区域性骨干工程建设，开拓或拓宽流域和区域洪涝出路，提升流域、区域外排能力；调度管理方面，通过适当调整各分区沿江口门以及城市防洪工程的调度控制水位，强化防洪除涝协同性。

（3）采用多变量或双变量联合概率分布计算的途径，提出了强化防洪除涝协同性的流域设计暴雨计算方法。构建了基于Copula函数的三维联合分布模型，推导了三维条件概率分布公式，改进了太湖流域设计暴雨中分区面雨量空间分配方式；构建了基于Copula函数的二维联合分布模型，评估了太湖流域设计暴雨和相应的沿江沿海潮位组合的协同性。

①基于Copula联合分布模型推导了适用于太湖流域设计暴雨空间分布协同性评价的三维条件概率公式，应用该公式可计算在全流域以及同频区域同时发生某设计雨

量时其他区域发生相应设计暴雨值的条件概率。

②提出了以"多年平均法"替代"典型年法"重新分配流域设计暴雨空间分配方式，评估了太湖流域典型暴雨空间分配方案在改进前后的协同性。改进前的暴雨方案中，各分区设计暴雨计算出的相应暴雨概率值相差甚大，如50年一遇"91北部"相应分区发生最大30日、60日、90日相应暴雨值的条件概率变化范围为1.1%~42.3%、3.5%~23.7%、4.0%~29.4%，这导致设计暴雨在流域面上扭曲变形，因此暴雨空间的分配极不协同。采用改进的方案（"多年平均法"）分配则可使条件概率值较为接近，相应的变化范围分别为9.0%~15.5%、8.7%~16.3%、10.5%~17.7%，故采用"多年平均法"分配流域设计暴雨大大强化了流域设计暴雨空间分布的协同性。

③采用二维Copula联合分布，评价了流域设计暴雨和边界潮位组合的协同性。流域北部、东部各历时暴雨对应高潮位均介于最可能遭遇的潮位区间内，而南部盐官站最大1日、3日、5日和7日暴雨对应高潮位分别为6.65 m、6.68 m、6.79 m、6.79 m，均低于对应历时暴雨最可能遭遇高潮位区间的下限（分别为6.9~7.1 m、6.7~6.9 m、6.9~7.1 m、6.9~7.1 m），故当前南部潮位边界与流域设计暴雨组合不协同，可考虑适当抬升流域南部潮位边界。

（4）针对多种流域、区域和城市防洪除涝工程布局和调度运用情景，采用水文水动力模型，定量模拟了4种典型降水条件下全流域洪涝运动过程，全面对比了各层面上洪涝特征的变化，基于多属性决策模型定量评价了流域、区域和城市防洪工程布局和调度方式对防洪除涝协同性的影响，提出了强化防洪除涝协同性的最佳防洪除涝工程布局和调度综合应对措施。

①设计了3类共11种计算方案，采用流域水文水动力模型，定量模拟了这些方案。其中，第1类方案采用现有的工程布局条件和调度方式；第2类方案仅优化城市和区域调度而不实施工程；第3类方案在优化调度的基础上，进一步实施强化太湖外排的工程、流域性工程和区域性工程。

②构建了基于多属性决策系统的协同性综合评价模型，定量评价了工程布局和调度方式变化对防洪除涝协同性的影响。适当抬升城内排水控制水位可降低城市外围区域和流域防洪除涝压力，且对城市自身影响不大；降低太湖流域内沿长江水利工程的排水控制水位可有效增加洪涝外排，降低太湖和区域洪涝水位。实施流域、区域外排工程也可在不同程度上强化流域、区域和城市防洪除涝协同性，其中流域性外排工程可大幅增加太湖外排能力，显著降低太湖、区域洪涝水位，而区域性工程仅能增加本区域外排水量，降低区域水位。协同性定量评价结果表明，对流域—区域防洪除涝协同性提升最明显的措施是强化太湖外排能力的工程（系数提升达0.35~0.55），其次为流域性工程（系数提升0.05~0.19）；对增加流域—城市协同性来说，城市优化调度效果最为显著（系数提升0.49~0.60），其次为强化太湖外排能力的工程（系数提升0.18~0.24），区域优化调度的效果有限（系数提升0.10~0.20）；相对于工程措施而言，区域、城市的优化调度措施对区域—城市防洪除涝协同性更为有效（区域、城市优化调度可分别提升协同性系数0.55~0.68、0.16~0.25，而各工程措施组合的系数提升幅度均小于0.10）。

③提出了强化防洪除涝协同性、提升整体防洪除涝能力的最佳工程和调度措施组

合。各项调度和工程措施对防洪除涝协同性的提升效果不同,综合来看,实施减少城市外排的调度措施以及强化流域外排能力的工程措施是强化防洪除涝协同性、提升流域整体防洪除涝能力的最佳综合应对措施。

## 6.2 主要创新点

本书在解析太湖流域防洪治涝情势的基础上,阐述了流域、区域和城市防洪除涝协同性的内涵及存在问题,从设计暴雨角度研究了防洪治涝标准的协同性,系统分析了防洪除涝工程布局和调度方式变化对防洪除涝协同性的影响。本书主要创新点包括以下3个方面。

(1) 梳理了流域、区域和城市防洪除涝协同性的内涵,从设计暴雨、工程布局和调度管理角度阐明了太湖流域防洪除涝协同性存在的主要问题。

关于城镇化对洪涝灾害的影响,以往的研究多针对单个城市或城市片区开展。随着城市数量增多和规模扩张,城镇化对洪涝情势的影响不仅关乎城市自身,而且具有区域、流域尺度意义。城市与区域、流域防洪除涝相互影响,因此需要关注城市、区域与流域防洪除涝的协同性,但目前尚无对于防洪除涝协同性基本概念的界定,更没有系统论述。本书以我国人口、经济高度聚集的典型水网地区——太湖流域为研究对象,将城镇化对洪涝的影响从城市扩展到区域和流域层面,从设计暴雨、工程布局以及调度管理3个角度阐述流域、区域和城市防洪除涝的协同性存在的问题,这无疑是对现有研究的重要拓展与深化。

(2) 构建了基于 Copula 函数的三维联合分布模型,推导了三维条件概率分布公式,改进了太湖流域设计暴雨中分区面雨量空间分配方式。

Copula 函数近年来在气象水文研究中已有不少应用,但在设计暴雨空间分布研究中的应用尚无先例。本书推导了三维 Copula 条件概率公式 $P(X_1 \leqslant x_1 \mid X_2 = x_2, X_3 = x_3)$,这一公式中的前置条件 $X_2$、$X_3$ 指代的是全流域、同频分区的设计雨量,且雨量值与某一定值严格相等,这与此前绝大多数对 Copula 条件概率的应用有所不同(此前应用 Copula 的条件变量通常是在一个区间范围之内,因此在实际推导过程中规避了难以求偏导的问题)。本书将推导出的 Copula 条件概率公式成功应用于暴雨空间分布的协同性评价中,证明了所提出的暴雨设计方法能够更为合理协同地分配流域各分区雨量,在得出客观结论的同时兼顾了各分区设计暴雨之间的相关关系,考虑了全流域、同频分区设计暴雨量这两个"前置条件",另外也满足设计暴雨遵循暴雨总量为固定值这一设计规则。

(3) 基于流域水文水动力模型和多属性决策模型,定量评价和揭示了防洪工程布局和调度方式对流域、区域和城市防洪除涝协同性的影响。

针对一系列流域、区域和城市防洪治涝工程布局和调度运用情景,采用水文水动力模型,定量模拟了4种典型降水条件下全流域洪涝运动过程,并将关键洪涝水量、水位要素指标化,构建防洪除涝协同性多属性决策模型,定量评价和揭示了流域、区域和城市防洪工程布局和调度方式对防洪除涝协同性的影响,分析了不同措施的敏感性,提出了强化防洪除涝协同性的最佳防洪除涝工程布局和调度措施组合建议,对于有效协同不同空间层次上的防洪除涝矛盾,完善太湖流域防洪除涝工程布局、优化调度管理具有重要意义。

## 6.3 研究展望

鉴于快速城镇化背景下流域防洪除涝问题的复杂性和挑战性,本书不可能解决关于快速城镇化背景下流域防洪除涝协同性研究的所有问题(本书主要针对太湖流域开展相关研究)。故本书还存在不足之处,同时还有若干问题未能触及,今后可从以下几个方面深入探索。

(1)快速城镇化背景下多因素对洪涝复合影响的评估和解析。

前人多研究土地利用、植被覆盖变化对流域洪涝过程的影响,而本书侧重研究城镇化进程中流域、区域和城市防洪除涝工程布局与调度方式变化对洪涝治理的影响。今后可将几个方面结合起来,开展下垫面变化及防洪除涝工程等多种因素对洪涝的复合影响研究,并定量解析不同因素对洪涝影响的相对贡献。

(2)基于 Copula 函数联合分布的设计暴雨空间分布推导求解

本书在评估设计暴雨空间分布的协同性时,依据的是各分区相应暴雨的条件概率值。而 Copula 函数作为一种数学函数,事实上可用作定量逆求协同性较强的设计暴雨空间分布。从本质上说,本书对 Copula 函数的利用是用来评估而不是求解。在今后的应用中可依据 Copula 三维联合分布模型数学公式,在能够确定各分区协同概率值的基础上,逆向求解出对应某一条件概率值的设计暴雨量。

(3)防洪治涝协同性定量评价指标和方法的改进

强化防洪除涝协同性的主要目的是尽可能地降低洪涝灾害损失并实现灾害损失在流域内不同部分或承灾对象间的合理分担。本书在防洪除涝协同性综合评价模型中将流域、区域和城市重要节点的水位、水量要素作为指标因子,这些因子能够在一定程度上反映洪涝灾害的严重性及其空间分布特征,但与洪涝灾害实际程度还是具有明显差异。在今后的研究中考虑进一步将洪涝灾害损失因子作为协同性定量评价指标因子,以提升结果的精确性。

# 参考文献

［1］魏后凯,王业强,苏红键,等. 中国城镇化质量综合评价报告[J]. 经济研究参考,2013(31):3-32.

［2］唐耀华. 城市化概念研究与新定义[J]. 学术论坛,2013,36(5):113-116.

［3］顾吾浩. 城镇化历程[M]. 上海:同济大学出版社,2012.

［4］UNITED NATIONS. 2018 revision of world urbanization prospects[R]. 2018.

［5］中华人民共和国国家统计局. 中华人民共和国 2023 年国民经济和社会发展统计公报[R/OL]. (2024-02-29)[2024-06-20]. https://www. stats. gov. cn/xxgk/sjfb/tjgb2020/202402/t20240229_1947923. html.

［6］中华人民共和国国家统计局. 中华人民共和国 2017 年国民经济和社会发展统计公报[R/OL]. (2018-02-28)[2024-06-20]. https://www. stats. gov. cn/sj/zxfb/202302/t20230203_1899855. html.

［7］张建云,宋晓猛,王国庆,等. 变化环境下城市水文学的发展与挑战——I. 城市水文效应[J]. 水科学进展,2014,25(4):594-605.

［8］南京水利科学研究院. 城镇化背景下的太湖流域水文规律变化研究[R]. 南京:南京水利科学研究院,2015.

［9］O'DRISCOLL M, CLINTON S, JEFFERSON A, et al. Urbanization effects on watershed hydrology and in-stream processes in the Southern United States[J]. Water,2010,2(3):605-648.

［10］CIVEROLO K, HOGREFE C, LYNN B, et al. Estimating the effects of increased urbanization on surface meteorology and ozone concentrations in the New York City metropolitan region[J]. Atmospheric Environment,2007,41(9):1803-1818.

［11］周建康,黄红虎,唐运忆,等. 城市化对南京市区域降水量变化的影响[J]. 长江科学院院报,2003(4):44-46.

［12］殷健,梁珊珊. 城市化对上海市区域降水的影响[J]. 水文,2010,30(2):66-72+58.

［13］张建云,王银堂,胡庆芳,等. 海绵城市建设有关问题讨论[J]. 水科学进展,2016,27(6):793-799.

［14］SHI P J, YUAN Y, ZHENG J, et al. The effect of land use/cover change on surface runoff in Shenzhen region, China[J]. Catena,2007,69(1):31-35.

［15］DIXON B, EARLS J. Effects of urbanization on streamflow using SWAT with real and simulated meteorological data[J]. Applied Geography,2012,35(1/2):174-190.

［16］DU J K, QIAN L, RUI H Y, et al. Assessing the effects of urbanization on annual runoff and flood events using an integrated hydrological modeling system for Qinhuai River basin, China[J]. Journal of Hydrology,2012,464-465:127-139.

［17］QIN H P, LI Z X, FU G T. The effects of low impact development on urban flooding under different rainfall characteristics［J］. Journal of Environmental Management, 2013, 129: 577-585.

［18］GIERSCH H. Urban agglomeration and economic growth［J］. Dordrecht: Springer Science & Business Media, 2012.

［19］张建云, 王银堂, 贺瑞敏, 等. 中国城市洪涝问题及成因分析［J］. 水科学进展, 2017, 27(4): 485-491.

［20］张建敏, 高歌, 陈峪. 长江流域洪涝气候背景和致灾因子分析［J］. 资源科学, 2001, 23(3): 73-77.

［21］谢华, 罗强, 黄介生. 考虑多种致灾因子条件下的平原河网地区涝灾风险分析［J］. 水利学报, 2012, 43(8): 935-940.

［22］苏伟忠, 杨桂山, 陈爽. 城市空间扩展对区域洪涝孕灾环境的影响［J］. 资源科学, 2012, 34(5): 933-939.

［23］GHIMIRE R, FERREIRA S, DORFMAN J H. Flood-induced displacement and civil conflict［J］. World Development, 2015, 66: 614-628.

［24］冯平, 崔广涛, 钟昀. 城市洪涝灾害直接经济损失的评估与预测［J］. 水利学报, 2001(8): 64-68.

［25］WANG X K, JIN X L, JIA J J, et al. Simulation of water surge processes and analysis of water surge bearing capacity in Boao Bay, Hainan Island, China［J］. Ocean Engineering, 2016, 125: 51-59.

［26］胡庆芳, 张建云, 王银堂, 等. 城市化对降水影响的研究综述［J］. 水科学进展, 2018, 29(1): 138-150.

［27］JAUREGUI E, ROMALES E. Urban effects on convective precipitation in Mexico City ［J］. Atmospheric Environment, 1996, 30(20): 3383-3389.

［28］宋晓猛, 张建云, 孔凡哲, 等. 北京地区降水极值时空演变特征［J］. 水科学进展, 2017, 28(2): 161-173.

［29］金义蓉, 胡庆芳, 王银堂, 等. 快速城市化对上海代表站降水的影响［J］. 河海大学学报(自然科学版), 2017, 45(3): 204-210.

［30］廖镜彪, 王雪梅, 李玉欣, 等. 城市化对广州降水的影响分析［J］. 气象科学, 2011, 31(4): 384-390.

［31］SHEPHERD J M, PIERCE H, NEGRI A J. Rainfall modification by major urban areas: observations from spaceborne rain radar on the TRMM satellite ［J］. Journal of Applied Meteorology, 2002, 41(7): 689-701.

［32］江志红, 唐振飞. 基于 CMORPH 资料的长三角城市化对降水分布特征影响的观测研究［J］. 气象科学, 2011, 31(4): 355-364.

［33］黎伟标, 杜尧东, 王国栋, 等. 基于卫星探测资料的珠江三角洲城市群对降水影响的观测研究［J］. 大气科学, 2009, 33(6): 1259-1266.

［34］傅新姝. 城市群对夏季降水影响的观测分析和数值模拟研究［D］. 南京: 南京大学, 2013.

［35］侯爱中. 城市化进程对当地水文气象要素影响研究——以北京市为例［D］. 北京: 清华大学, 2012.

［36］ZHONG S, QIAN Y, ZHAO C, et al. Urbanization-induced urban heat island and aerosol effects on climate extremes in the Yangtze River Delta region of China ［J］. Atmospheric Chemistry and Physics, 2017, 17(8): 5439-5457.

［37］匡文慧,刘纪远,张增祥,等.21世纪初中国人工建设不透水地表遥感监测与时空分析［J］.科学通报,2013,58(Z1):465-478.

［38］匡文慧,刘纪远,陆灯盛.京津唐城市群不透水地表增长格局以及水环境效应［J］.地理学报,2011,66(11):1486-1496.

［39］王雷,李丛丛,应清,等.中国1990～2010年城市扩张卫星遥感制图［J］.科学通报,2012,57(16):1388-1403.

［40］许实.长江三角洲区域土地利用变化的人文驱动及调控研究［D］.南京:南京农业大学,2014.

［41］DENG P X,HU Q F,WANG Y T,et al. Use of the DMSP-OLS nighttime light data to study urbanization and its influence on NDVI in Taihu Basin,China［J］. Journal of Urban Planning and Development,2016,142(4):1-14.

［42］马建威,黄诗峰,许宗男.基于遥感的1973—2015年武汉市湖泊水域面积动态监测与分析研究［J］.水利学报,2017,48(8):903-913.

［43］汪晖.武汉城市内涝问题研究及探讨［J］.给水排水,2017,53(S1):117-119.

［44］贾绍凤.关于武汉市发挥湖泊调蓄优势防治内涝的建议［J］.中国水利,2017(7):36-37.

［45］许有鹏,等.长江三角洲地区城市化对流域水系与水文过程的影响［M］.北京:科学出版社,2012.

［46］XU Y P,XU J T,DING J J,et al. Impacts of urbanization on hydrology in the Yangtze River Delta,China［J］. Water Science and Technology,2010,62(6):1221-1229.

［47］吴雷,许有鹏,徐羽,等.平原水网地区快速城市化对河流水系的影响［J］.地理学报,2018,73(1):104-114.

［48］王跃峰,许有鹏,张倩玉,等.太湖平原区河网结构变化对调蓄能力的影响［J］.地理学报,2016,71(3):449-458.

［49］PAUL M J,MEYER J L. Streams in the urban landscape［J］. Annual Review of Ecology and Systematics,2001,32:333-365.

［50］宋晓猛,张建云,王国庆,等.变化环境下城市水文学的发展与挑战——Ⅱ.城市雨洪模拟与管理［J］.水科学进展,2014,25(5):752-764.

［51］李恒鹏,杨桂山,金洋.太湖流域土地利用变化的水文响应模拟［J］.湖泊科学,2007,19(5):537-543.

［52］林凯荣,何艳虎,陈晓宏.土地利用变化对东江流域径流量的影响［J］.水力发电学报,2012,31(4):44-48.

［53］许有鹏,丁瑾佳,陈莹.长江三角洲地区城市化的水文效应研究［J］.水利水运工程学报,2009(4):67-73.

［54］王少丽,臧敏,王亚娟,等.降水和下垫面对流域径流量影响的定量研究［J］.水资源与水工程学报,2019,30(6):1-5.

［55］南京水利科学研究院.水利部公益性行业科研专项经费项目"城镇化背景下的太湖流域水文规律变化研究"总报告［R］.南京:南京水利科学研究院,2016.

［56］徐光来,许有鹏,徐宏亮.城市化水文效应研究进展［J］.自然资源学报,2010,25(12):2171-2178.

［57］万荣荣,杨桂山.流域LUCC水文效应研究中的若干问题探讨［J］.地理科学进展,2005(3):25-33.

［58］张建云.城市化与城市水文学面临的问题［J］.水利水运工程学报,2012(1):1-4.

［59］ ZHANG Y,SHUSTER W. Impacts of spatial distribution of impervious areas on runoff response of hillslope catchments：simulation study［J］. Journal of Hydrologic Engineering, 2013,19(6):1089-1100.

［60］ DU S Q,SHI P J,VAN ROMPAEY A,et al. Quantifying the impact of impervious surface location on flood peak discharge in urban areas［J］. Natural Hazards,2015,76(3):1457-1471.

［61］ YAO L,WEI W,CHEN L D. How does imperviousness impact the urban rainfall-runoff process under various storm cases? ［J］. Ecological indicators,2016,60:893-905.

［62］ URBONAS B,JAMES C Y,TUCKER S. Sizing capture volume for stormwater quality enhancement［J］. Flood Hazard News,1989,19(1):1-9.

［63］ 王露,封志明,杨艳昭,等. 2000—2010 年中国不同地区人口密度变化及其影响因素［J］. 地理学报,2014,69(12):1790-1798.

［64］ 刘乃全,邓敏. 多中心结构模式与长三角城市群人口空间分布优化［J］. 产业经济评论,2018(4):91-103.

［65］ BRICENO S. International strategy for disaster reduction［M］. Geneva：The Future of Drylands. Springer,Dordrecht,2008.

［66］ 上海市统计局. 2018 上海统计年鉴［M］. 北京：中国统计出版社,2018.

［67］ 王绍玉,刘佳. 城市洪水灾害易损性多属性动态评价［J］. 水科学进展,2012,23(3):334-340.

［68］ SEN R,CHAKRABARTI S. Disaster management dynamics—an analysis of chaos from the flash flood (2013) in the fragile himalayan system［J］. Journal of the Geological Society of India,2019,93(3):321-330.

［69］ ROMAN L A,SCATENA F N. Street tree survival rates：meta-analysis of previous studies and application to a field survey in Philadelphia,PA,USA［J］. Urban Forestry & Urban Greening,2011,10(4):269-274.

［70］ ZHANG D Q,GERSBERG R M,NG W J,et al. Conventional and decentralized urban stormwater management：a comparison through case studies of Singapore and Berlin, Germany［J］. Urban Water Journal,2017,14(2):113-124.

［71］ FRYD O,BACKHAUS A,BIRCH H,et al. Water sensitive urban design retrofits in Copenhagen-40% to the sewer,60% to the city［J］. Water Science and Technology,2013,67(9):1945-1952.

［72］ 张玉鹏. 国外雨水管理理念与实践［J］. 国际城市规划,2015,30(S1):89-93.

［73］ PATTISON I,LANE S N. The link between land-use management and fluvial flood risk：a chaotic conception? ［J］. Progress in Physical Geography,2011,36(1):72-92.

［74］ DE MOEL H,AERTS J. Effect of uncertainty in land use,damage models and inundation depth on flood damage estimates［J］. Natural Hazards,2011,58(1):407-425.

［75］ SCHILLING K E,GASSMAN P W,KLING C L,et al. The potential for agricultural land use change to reduce flood risk in a large watershed［J］. Hydrological Processes,2014,28(8):3314-3325.

［76］ 丁杰,李致家,郭元,等. 利用 HEC 模型分析下垫面变化对洪水的影响——以伊河东湾流域为例［J］. 湖泊科学,2011,23(3):463-468.

［77］ 张曼,周建军,黄国鲜. 长江中游防洪问题与对策［J］. 水资源保护,2016,32(4):1-10.

［78］ HAGIWARA H. A comparative study of metropolitan water supply and drainage systems in developed and developing countries[J]. Geographical Review of Japan, Series B, 1989,62(2):86-103.

［79］ 严登华,王浩,张建云,等. 生态海绵智慧流域建设——从状态改变到能力提升[J]. 水科学进展,2017,28(2):302-310.

［80］ 刘文,陈卫平,彭驰. 城市雨洪管理低影响开发技术研究与利用进展[J]. 应用生态学报,2015,26(6):1901-1912.

［81］ ECKART K, MCPHEE Z, BOLISETTI T. Performance and implementation of low impact development—a review[J]. Science of the Total Environment,2017,607:413-432.

［82］ NEWCOMER M E, GURDAK J J, SKLAR L S, et al. Urban recharge beneath low impact development and effects of climate variability and change[J]. Water Resources Research, 2014,50(2):1716-1734.

［83］ ASKARIZADEH A, RIPPY M A, FLETCHER T D, et al. From rain tanks to catchments: use of low-impact development to address hydrologic symptoms of the urban stream syndrome[J]. Environmental Science & Technology,2015,49(19):11264-11280.

［84］ ELLIS J B, SHUTES R B E, REVITT M D. Constructed wetlands and links with sustainable drainage systems ［M］. London: Urban Pollution Research Centre, Middlesex University,2003.

［85］ 中华人民共和国住房和城乡建设部. 海绵城市建设技术指南——低影响开发雨水系统构建(试行)［R/OL］. (2014-11-03)［2024-10-11］. https://www. mohurd. gov. cn/gongkai/zc/wjk/art/2014/art_17339_219465. html.

［86］ SHAO W W, ZHANG H X, LIU J H, et al. Data integration and its application in the sponge city construction of China[J]. Procedia Engineering,2016,154:779-786.

［87］ XU Y S, SHEN S L, LAI Y, et al. Design of sponge city: lessons learnt from an ancient drainage system in Ganzhou, China[J]. Journal of Hydrology,2018,563:900-908.

［88］ 车伍,赵杨,李俊奇,等. 海绵城市建设指南解读之基本概念与综合目标[J]. 中国给水排水, 2015,31(8):1-5.

［89］ 胡庆芳,王银堂,李伶杰,等. 水生态文明城市与海绵城市的初步比较[J]. 水资源保护,2017, 33(5):13-18.

［90］ CHEN J H, GUO S L, LI Y, et al. Joint operation and dynamic control of flood limiting water levels for cascade reservoirs[J]. Water Resources Management,2013,27(3):749-763.

［91］ 裴哲义,伍永刚,纪昌明,等. 跨区域水电站群优化调度初步研究[J]. 电力系统自动化,2010, 34(24):23-26.

［92］ 陈炼钢,施勇,钱新,等. 闸控河网水文-水动力-水质耦合数学模型——I. 理论[J]. 水科学进展, 2014,25(4):534-541.

［93］ 张永勇,陈军锋,夏军,等. 温榆河流域闸坝群对河流水量水质影响分析[J]. 自然资源学报, 2009,24(10):1697-1705.

［94］ YAZDI J, CHOI H S, KIM J H. A methodology for optimal operation of pumping stations in urban drainage systems[J]. Journal of Hydro-environment Research,2016,11(2):101-112.

［95］ MACRO K, MATOTT L S, RABIDEAU A, et al. OSTRICH-SWMM: a new multi-objective optimization tool for green infrastructure planning with SWMM[J]. Environmental Modelling & Software,2019,113:42-47.

[96] 刘静森,程吉林,黄勇,等.不受潮汐影响城镇圩区排涝泵站群常规调度方案优化[J].灌溉排水学报,2015,34(3):17-23.

[97] 张若虎,冯慧厅,史长莹.引嫩扩建骨干工程联合调度的影响因素分析[J].水利水电技术,2016,47(1):120-123.

[98] ZHU Z D,OBERG N,MORALES V M,et al. Integrated urban hydrologic and hydraulic modelling in Chicago,Illinois[J]. Environmental Modelling & Software,2016,77(4):63-70.

[99] NEWTON C,JARMAN D,MEMON F A,et al. Developing a decision support tool for the positioning and sizing of vortex flow controls in existing sewer systems[J]. Procedia Engineering,2014,70:1231-1240.

[100] SHEPHERD W,OSTOJIN S,MOUNCE S,et al. CENTAUR:real time flow control system for flood risk reduction[C]//CIWEM Urban Drainage Group Autumn Conference & Exhibition. 2016:1431-1443.

[101] 刘家宏,王浩,高学睿,等.城市水文学研究综述[J].科学通报,2014,59(36):3581-3590.

[102] 胡伟贤,何文华,黄国如,等.城市雨洪模拟技术研究进展[J].水科学进展,2010,21(1):137-144.

[103] 黄国如,冯杰,刘宁宁,等.城市雨洪模型及应用[M].北京:中国水利水电出版社,2013.

[104] 岑国平.城市雨水径流计算模型[J].水利学报,1990(10):68-75.

[105] 徐向阳.平原城市雨洪过程模拟[J].水利学报,1998(8):35-38.

[106] 仇劲卫,李娜,程晓陶,等.天津市城区暴雨沥涝仿真模拟系统[J].水利学报,2000(11):34-42.

[107] 王静,李娜,程晓陶.城市洪涝仿真模型的改进与应用[J].水利学报,2010,41(12):1393-1400.

[108] 周浩澜,陈洋波.城市化地面二维浅水模拟[J].水科学进展,2011,22(3):407-412.

[109] 潘安君,侯爱中,田富强,等.基于分布式洪水模型的北京城区道路积水数值模拟:以万泉河桥为例[J].水力发电学报,2012,31(5):19-22.

[110] 喻海军.城市洪涝数值模拟技术研究[D].广州:华南理工大学,2015.

[111] 陈洋波,周浩澜,张会,等.东莞市内涝预报模型研究[J].武汉大学学报(工学版),2015,48(5):608-614.

[112] 魏兆珍.海河流域下垫面要素变化及其对洪水的影响研究[D].天津:天津大学,2013.

[113] 贺克雕,段昌群,杨世美,等.土地利用/覆被变化的水文水资源响应研究综述[J].水资源研究,2015,4(3):240-248.

[114] 王艳艳,韩松,喻朝庆,等.太湖流域未来洪水风险及土地风险管理减灾效益评估[J].水利学报,2013,44(3):327-335.

[115] 陈炼钢,施勇,钱新,等.闸控河网水文-水动力-水质耦合数学模型——Ⅱ.应用[J].水科学进展,2014,25(6):856-863.

[116] 程文辉,王船海,朱琰.太湖流域模型[M].南京:河海大学出版社,2006:133-136.

[117] 王船海,王娟,程文辉,等.平原区产汇流模拟[J].河海大学学报(自然科学版),2007,35(6):627-632.

[118] MOGHADAS S,LEONHARDT G,MARSALEK J,et al. Modeling urban runoff from rain-on-snow events with the U. S. EPA SWMM model for current and future climate scenarios[J]. Journal of Cold Regions Engineering,2018,32(1):04017021.

[119] KOKS E E,JONGMAN B,HUSBY T G,et al. Combining hazard,exposure and social vulnerability to provide lessons for flood risk management[J]. Environmental Science & Policy,

2015,47:42-52.

[120] 孙章丽,朱秀芳,潘耀忠,等.洪水灾害风险分析进展与展望[J].灾害学,2017,32(3):125-130.

[121] WANG J J. Flood risk maps to cultural heritage:measures and process[J]. Journal of Cultural Heritage,2015,16(2):210-220.

[122] ELSHEIKH R F A, OUERGHI S, ELHAG A R. Flood risk map based on GIS, and multi criteria techniques (case study Terengganu Malaysia)[J]. Journal of Geographic Information System,2015,7(4):348-357.

[123] 方建,李梦婕,王静爱,等.全球暴雨洪水灾害风险评估与制图[J].自然灾害学报,2015,24(1):1-8.

[124] BUDIYONO Y, AERTS J, BRINKMAN J J, et al. Flood risk assessment for delta mega-cities:a case study of Jakarta[J]. Natural Hazards,2015,75(1):389-413.

[125] ALBANO R, MANCUSI L, ABBATE A. Improving flood risk analysis for effectively supporting the implementation of flood risk management plans:the case study of "Serio" Valley[J]. Environmental Science & Policy,2017,75:158-172.

[126] DE MOEL H, JONGMAN B, KREIBICH H, et al. Flood risk assessments at different spatial scales[J]. Mitigation and Adaptation Strategies for Global Change, 2015, 20(6):865-890.

[127] FOUDI S, OSÉS-ERASO N, TAMAYO I. Integrated spatial flood risk assessment:the case of Zaragoza[J]. Land Use Policy,2015,42:278-292.

[128] 吴先华,周蕾.考虑防灾减灾能力的洪涝灾害灾损率曲线构建——以里下河地区的李中镇为例[J].地理科学进展,2016,35(2):223-231.

[129] ARRIGHI C, BRUGIONI M, CASTELLI F, et al. Flood risk assessment in art cities:the exemplary case of Florence (Italy)[J]. Journal of Flood Risk Management, 2018, 11:S616-S631.

[130] WAGENAAR D, LÜDTKE S, SCHRÖTER K, et al. Regional and temporal transferability of multivariable flood damage models[J]. Water Resources Research,2018,54(5):3688-3703.

[131] WAGENAAR D, LÜDTKE S, KREIBICH H, et al. Cross-country transferability of multi-variable damage models[C]//EGU General Assembly Conference Abstracts. 2017,19:4418.

[132] 杨山.发达地区城乡聚落形态的信息提取与分形研究——以无锡市为例[J].地理学报,2000,55(6):671-678.

[133] GAO B. NDWI—A normalized difference water index for remote sensing of vegetation liquid water from space[J]. Remote Sensing of Environment,1996,58(3):257-266.

[134] 徐涵秋.利用改进的归一化差异水体指数(MNDWI)提取水体信息的研究[J].遥感学报,2005,21(5):589-595.

[135] 叶建春,章杭惠.太湖流域洪水风险管理实践与思考[J].水利水电科技进展,2015,35(5):136-141.

[136] 付万,王莱林.基于Copula的不同气候区暴雨联合特征分析——以辽宁省为例[J].辽宁师范大学学报(自然科学版),2015,38(3):408-414.

[137] 郭恩亮,周沫,张继权,等.基于Copula函数的长春市暴雨联合分布与特征分析[J].灾害学,2015,30(4):173-177.

[138] WANG L Z, HU Q F, WANG Y T, et al. Using copulas to evaluate rationality of rainfall

spatial distribution in a design storm[J]. Water,2018,10(6):758.

[139] 陈子燊,高时友,李鸿皓. 基于二次重现期的城市两级排涝标准衔接的设计暴雨[J]. 水科学进展,2017,28(3):382-389.

[140] 肖义,郭生练,刘攀,等. 基于 Copula 函数的设计洪水过程线方法[J]. 武汉大学学报(工学版),2007,40(4):13-17.

[141] 冯平,李新. 基于 Copula 函数的非一致性洪水峰量联合分析[J]. 水利学报,2013,44(10):1137-1147.

[142] 侯芸芸,宋松柏,赵丽娜,等. 基于 Copula 函数的 3 变量洪水频率研究[J]. 西北农林科技大学学报(自然科学版),2010,38(2):219-228.

[143] 方彬,郭生练,肖义,等. 年最大洪水两变量联合分布研究[J]. 水科学进展,2008,19(4):505-511.

[144] 陆桂华,闫桂霞,吴志勇,等. 基于 Copula 函数的区域干旱分析方法[J]. 水科学进展,2010,21(2):188-193.

[145] 刘晓云,王劲松,李耀辉,等. 基于 Copula 函数的中国南方干旱风险特征研究[J]. 气象学报,2015,73(6):1080-1091.

[146] 梅青,章杭惠. 太湖流域防洪与水资源调度实践与思考[J]. 中国水利,2015(9):19-21.

[147] SHIH H S, SHYUR H J, LEE E S. An extension of TOPSIS for group decision making[J]. Mathematical and Computer Modeling,2007,45(7-8):801-813.

[148] BEHZADIAN M, OTAGHSARA S K, YAZDANI M, et al. A state-of the-art survey of TOPSIS applications[J]. Expert Systems with Applications,2012,39(17):13051-13069.